地震模拟振动台试验及案例

王燕华　编著

东南大学出版社
SOUTHEAST UNIVERSITY PRESS
· 南京 ·

内 容 提 要

本书就地震模拟振动台系统做了较为详细的阐述,同时对近些年基于振动台的部分试验案例做了汇总。内容包括振动台系统在国内的建设与发展,振动台的组成与工作原理,振动台的设计与分析,建筑结构模型设计与测量仪器选择,及基于地震模拟振动台一些典型实验教学案例汇总等。

本书可供从事地震模拟试验的研究人员和相关专业研究生参考。

图书在版编目(CIP)数据

地震模拟振动台试验及案例/王燕华编著. —南京:
东南大学出版社,2018.9
ISBN 978 - 7 - 5641 - 7543 - 6

Ⅰ. ①地⋯　Ⅱ. ①王⋯　Ⅲ. ①地震模拟试
验—振动台试验—案例　Ⅳ. ①P315.8

中国版本图书馆 CIP 数据核字(2017)第 315287 号

地震模拟振动台试验及案例

编　　著　王燕华

出版发行	东南大学出版社
社　　址	南京市四牌楼 2 号　邮编:210096
出 版 人	江建中
责任编辑	丁　丁
编辑邮箱	d. d. 00@163. com
网　　址	http://www. seupress. com
电子邮箱	press@seupress. com
经　　销	全国各地新华书店
印　　刷	江苏凤凰数码印务有限公司
版　　次	2018 年 9 月第 1 版
印　　次	2018 年 9 月第 1 次印刷
开　　本	787 mm×1 092 mm　1/16
印　　张	13
字　　数	308 千
书　　号	ISBN 978-7-5641-7543-6
定　　价	52.00 元

本社图书若有印装质量问题,请直接与营销部联系。电话(传真):025-83791830

前　言

　　地震模拟振动台台面上可以真实地再现各种形式的地震波,是目前研究结构抗震性能最直接也是比较准确的试验方法。试验目的主要是了解工程结构物抗震的宏观性能,了解地震作用下工程结构物的破坏机理和地震作用下结构物的薄弱部位。

　　笔者留实验室工作近二十年,期间参与东南大学 4.0 m×6.0 m 单向地震模拟振动台和6.0 m×9.0 m 三向六自由度地震模拟振动台的建设。据笔者实验室一线工作经验,收集部分试验案例整理于本书中。

　　本书主要包括七个章节,系统介绍了地震模拟振动台的设计原理、试验方法及试验案例等。

　　第2章介绍了地震模拟振动台近年来在国内建设和发展情况。

　　第3章介绍单向地震模拟振动台的基本构成、工作原理和系统控制。

　　第4章叙述了地震模拟振动台模型试验加载设计。

　　第5章汇总了基于东南大学 4.0 m×6.0 m 地震模拟振动台的试验案例。

　　第6章叙述东南大学 6.0 m×9.0 m 地震模拟振动台的建设。

　　第7章叙述了部分兄弟院校地震模拟振动台典型的试验案例。

　　本书得到(省优势)土木工程(05007002)学科建设经费、国家自然科学基金(6505000184)的资金支持。

　　本书的成果是在东南大学土木工程实验中心完成的,书中的试验案例来源于东南大学4.0 m×6.0 m 地震模拟振动台,在此对试验案例中的作者及作者导师表示感谢,也感谢东南大学振动台建设团队。最后感谢兄弟院校河海大学牛志伟老师、福州大学黄福云老师、西南交通大学赵灿辉老师和邵长江老师、广州大学陈建秋老师,中南大学国巍老师在试验案例和模型加载撰写上提供的帮助和支持。

　　由于笔者时间仓促,难免存在不少缺点和错误,诚望读者不吝赐教。

王燕华

2017 年 11 月

目　录

第 1 章
引 言

　　众所周知,地震对人类的威胁是最严重的自然灾害之一,中国又是世界上地震灾害严重的国家之一,如何增强工程结构物的抗震能力显得更加重要。结构物抗震性能试验是结构工程抗震研究的重要组成部分,目前实验室内常用的试验方法有拟静力试验、拟动力试验和地震模拟振动台试验三种。拟静力试验主要目的是获得构件的刚度、承载力、变形和耗能等信息。拟动力试验主要的特点是将结构的恢复力特性直接从被测结构上实时取得而不是来自数学模型,但是试验的加载过程还是拟静力的。地震模拟振动台试验是真正意义上的地震模拟试验,台面上可以真实地再现各种形式的地震波,是目前研究结构抗震性能最直接也是比较准确的试验方法。

　　地震模拟振动台试验的目的和意义是:

　　(1) 了解工程结构物抗震的宏观性能;

　　(2) 了解地震作用下工程结构物的破坏机理;

　　(3) 了解地震作用下结构物的薄弱部位。

　　可见,振动台试验主要是定性地给出结构物的抗震性能,振动台试验应用很广泛,例如结构物的动力特性、设备抗震性能、结构抗震措施的检验,同时也被应用于地震工程力学的基础研究、桥梁结构研究、地铁、隧道结构抗震试验研究等方面。

　　本书主要内容包括近年来地震模拟振动台在国内的建设情况,东南大学 4.0 m × 6.0 m 单向地震模拟振动台系统的组成、地震模拟振动台系统的性能分析,建筑结构模型设计,测量仪器选择及基于地震模拟振动台的一些典型试验案例汇总等。

第 2 章
国内振动台系统的建设与发展

20 世纪 40 年代首次在土木工程结构上利用地震模拟振动台来模拟地震作用,60 年代以后地震模拟振动台开始被广泛建设。目前世界上已经建立了几百座地震模拟振动台,主要分布在日本、中国和美国。

2.1　国内振动台建设

我国的振动台是从 20 世纪 60 年代开始建设的,虽然振动台的发展相对较晚,但是发展迅猛,这几年正在建设的单位有同济大学、福州大学、中国核动力设计研究院、西安建筑科技大学、昆明理工大学、兰州理工大学、华南理工大学、河海大学、苏州科技大学、西南交通大学、天津大学、华侨大学、北京建筑大学、东南大学等。我国振动台的建设情况大致统计如表2.1、表 2.2 所示:

表 2.1　国内振动台单台建设

建设单位	振动形式	台面尺寸 (m×m)	模型重 (t)	最大加速度(g)	最大速度 (mm/s)	最大位移 (mm)	工作频率范围(Hz)
中国建筑科学研究院	三向六自由度	6.1×6.1	60	X: ±1.5 Y: ±1.0 Z: ±0.8	X: ±1 000 Y: ±1 200 Z: ±800	X: ±150 Y: ±250 Z: ±100	0.1~50
中国地震局工程力学研究所(哈尔滨)	三向六自由度	5.0×5.0	30	X: ±1.0 Y: ±1.0 Z: ±0.7	X: ±600 Y: ±600 Z: ±300	X: ±80 Y: ±50 Z: ±50	0.5~40
北京工业大学	双水平向	3.0×3.0	10	X: ±1.0 Y: ±1.0	X: ±600 Y: ±600	X: ±120 Y: ±100	0.4~50
哈尔滨工业大学	水平单自由度	3.0×4.0	12	X: ±1.5	X: ±760	X: ±125	0.4~40
同济大学	三向六自由度	4.0×4.0	25	X: ±1.2 Y: ±0.8 Z: ±0.7	X: ±1 000 Y: ±600 Z: ±600	X: ±100 Y: ±50 Z: ±50	0.1~50
天津大学	三向六自由度	ϕ3.6	20	X: ±1.50 Y: ±1.50 Z: ±1.20	X: ±1 000 Y: ±1 000 Z: ±800	X: ±300 Y: ±300 Z: ±200	0.1~100

续表 2.1

建设单位	振动形式	台面尺寸 (m×m)	模型重 (t)	最大加速度(g)	最大速度 (mm/s)	最大位移 (mm)	工作频率范围(Hz)
广州大学	三向六自由度	3.0×3.0	10	X：±1.0 Y：±1.0 Z：±2.0	X：±100 Y：±100 Z：±100	X：±100 Y：±100 Z：±50	0.1～50
大连理工大学	水平＋竖向＋摇摆	3.0×3.0	10	X：±1.0 Z：±0.7	X：±500 Z：±350	X：±75 Z：±50	0.1～50
武汉理工大学	水平单自由度	3.0×3.0	6	X：±1.3	X：±500	X：±100	0.4～40
东南大学	水平单自由度	4.0×6.0	30	X：±1.5	±600	±250	0.1～50
西安建筑科技大学	三向六自由度	4.1×4.1	18	X：±1.5 Y：±1.0 Z：±0.8	X：±1 000 Y：±1 250 Z：±800	X：±150 Y：±250 Z：±100	0.1～100
重庆大学	三向六自由度	6.1×6.1	60	X：±1.5 Y：±1.5 Z：±1.0	X：±1 200 Y：±1 200 Z：±1 000	X：±250 Y：±250 Z：±200	0.1～50
南京工业大学	水平单自由度	3.0×5.0	15	X：±1.0	X：±500	X：±120	0.1～50
中国水利水电科学研究院	三向六自由度	5.0×5.0	20	X：±1.0 Y：±1.0 Z：±0.7	X：±400 Y：±400 Z：±300	X：±40 Y：±40 Z：±30	0.1～120
北京建筑大学	三向六自由度	5.0×5.0	60	X：±1.5 Y：±1.5 Z：±1.2	X：±1 000 Y：±1 000 Z：±1 000	X：±400 Y：±400 Z：±200	0.1～100
东南大学	三向六自由度	6.0×9.0	120	X：±1.5 Y：±1.5 Z：±1.0	X：±1 500 Y：±1 500 Z：±1 200	X：±500 Y：±500 Z：±300	0.1～50
苏州科技大学	三向六自由度	6.0×8.0	120	X：±1.2 Y：±1.2 Z：±1.0	X：±1 500 Y：±1 500 Z：±1 200	X：±500 Y：±500 Z：±300	0.1～50
河海大学	三向六自由度	φ5.6	30	X：±1.55 Y：±1.55 Z：±1.40	X：±940 Y：±940 Z：±940	X：±150 Y：±150 Z：±100	0.1～150

注：天津大学、河海大学为圆形台子,直径分别为 3.6 m、5.6 m。

表 2.2　国内振动台台阵建设

建设单位	工作方式	台面尺寸（m×m）	数量（台）	载重（t）	最大位移（mm）	最大速度（mm/s）	最大加速度（g）	工作频率范围（Hz）
重庆交科院	三向六自由度	3.0×6.0	2	2×35	X：±150 Y：±150 Z：±100	X：±800 Y：±800 Z：±600	X：±1.0 Y：±1.0 Z：±1.0	0.1~100
北京工业大学	9 台阵单水平向	1.0×1.0	9	9×10	X：±75	X：±600	X：±1.0	0.4~50
	三向六自由度	2.5×2.5	2	2×10	X：±125 Y：±125 Z：±100	X：±600 Y：±600 Z：±500	X：±2.0 Y：±2.0 Z：±2.0	0.1~50
同济大学	三自由度	4.0×6.0	4	2×30+2×70	X：±500 Y：±500	X：±1 000 Y：±1 000	X：±1.5 Y：±1.5	0.1~50
中南大学	三向六自由度	4.0×4.0	4	4×30	X：±250 Y：±250 Z：±160	X：±1 000 Y：±1 000 Z：±1 000	X：±1.0 Y：±1.0 Z：±1.0	0.1~50
福州大学	水平三向（X、Y 向和水平转角）	4.0×4.0+2×2.5×2.5	3	22+2×10	X：±250 Y：±250	X：±1 500 Y：±1 000	X：±1.5 Y：±1.2	0.1~50
中国地震局工程力学研究所	三向六自由度	5.0×5.0	1	30	X：±500 Y：±500 Z：±200	X：±1 500 Y：±1 500 Z：±1 200	X：±2.0 Y：±2.0 Z：±1.5	0.1~100
	三向六自由度	3.5×3.5	1	6	X：±250 Y：±250 Z：±200	X：±2 000 Y：±2 000 Z：±1 800	X：±4.0 Y：±4.0 Z：±3.0	0.1~100
中国核动力设计研究院	三向六自由度	6.0×6.0	1	50	X：±300 Y：±300 Z：±200	X：±1 500 Y：±1 500 Z：±1 200	X：±2.0 Y：±2.0 Z：±1.5	0.1~100
	三向六自由度	3.0×3.0	1	12	X：±250 Y：±250 Z：±200	X：±2 500 Y：±2 500 Z：±1 800	X：±6.0 Y：±6.0 Z：±4.0	0.1~100
西南交通大学	三向六自由度	10.0×8.0	1	160	X：±800 Y：±800 Z：±400	X：±1 200 Y：±1 200 Z：±830	X：±1.2 Y：±1.2 Z：±1.0	0.1~50
	三向六自由度	3.0×5.0 3.0×6.0	2	2×30	X：±400 Y：±400 Z：±400	X：±1 800 Y：±1 800 Z：±1 500	X：±2.0 Y：±2.0 Z：±1.5	0.1~50

2.2　振动台具体建设

中国建筑科学研究院

中国建筑科学研究院振动台实验室坐落于北京市通州区温榆河畔,该实验室于 2000 年初筹建,2004 年 9 月通过验收并投入使用。该振动台由美国 MTS 公司总承包建设,台面由 MTS 设计后委托首都钢铁公司制造,采用 4 台油源并列供油,流量 2 000 L/min,设置蓄能器阵,竖向采用 4 台 MTS 作动器,两个水平向分别采用 4 台作动器,共 12 台作动器(图 2.1)。该振动台的主要技术参数如下(表 2.3):

表 2.3　中国建筑科学研究院地震模拟试验台阵系统主要技术参数

技术参数	A 台
台面尺寸(m×m)	6.1×6.1
最大试件质量(t)	60
台面自重(t)	37
最大抗倾覆力矩(kN·m)	1 800
工作频率范围(Hz)	0.1~50
最大位移(mm)	X:±150;Y:±250;Z:±100
最大速度(mm/s)	X:±1 000;Y:±1 200;Z:±800
最大加速度(g)	X:±1.5;Y:±1.0;Z:±0.8

图 2.1　中国建筑科学研究院 6.1 m×6.1 m 六自
由度振动台

同济大学

同济大学地震模拟振动台在 1983 年 7 月建成,原为 X、Y 两向振动台,90 年代进行了多次改造,模型质量由 15 t 升级至 25 t,控制系统和数据采集系统也进行了同步升级,双向四自由度升级至三向六自由度,控制部分和数据采集部分由 MTS 公司生产,钢结构台面由 MTS 公司设计,红山材料试验机厂通过兰州化工总厂生产,油源部分的核心部件由 MTS 公司提供,其他油箱、硬管道等部分由红山材料试验机厂生产,作动器均采用 MTS 公司产品,整个系统由 MTS 公司总承包(图 2.2)。该振动台的主要技术参数如下(表 2.4):

表 2.4 同济大学地震模拟试验台阵系统主要技术参数

技术参数	A 台
台面尺寸(m×m)	4.0×4.0
最大试件质量(t)	25
台面自重(t)	10
最大抗倾覆力矩(kN·m)	1 800
工作频率范围(Hz)	0.1~50
最大位移(mm)	X:±100;Y:±50;Z:±50
最大速度(mm/s)	X:±1 000;Y:±600;Z:±600
最大加速度(g)	空载:X:±4.0;Y:±2.0;Z:±4.0 负载(15 t):X:±1.2;Y:±0.8;Z:±0.7
最大重心高度(mm)	台面以上 3 000
最大偏心(mm)	距台面中心 600

图 2.2 同济大学 4.0 m×4.0 m 振动台

重庆大学

重庆大学自 2010 年开始立项建设单台振动台,2015 年完成技术验收。台面尺寸 6.1 m×6.1 m,设备提供厂家为美国 MTS 公司,台面由湖州镭宝公司制造(图 2.3)。该振动台的主要技术参数如下(表 2.5):

表 2.5　重庆大学地震模拟试验台阵系统主要技术参数

技术参数	A 台
台面尺寸(m×m)	6.1×6.1
最大试件质量(t)	60
台面自重(t)	41
最大抗倾覆力矩(kN·m)	1 800
工作频率范围(Hz)	0.1~50
最大位移(mm)	X：±250；Y：±250；Z：±200
最大速度(mm/s)	X：±1 200；Y：±1 200；Z：±1 000
最大加速度(g)	X：±1.5；Y：±1.5；Z：±1.0

图 2.3　重庆大学 6.1 m×6.1 m 振动台

西安建筑科技大学

西安建筑科技大学振动台位于西安建筑科技大学草堂校区,2009 年筹建,2012 年完成验收并投入使用,台面尺寸 4.1 m×4.1 m,流量 1 800 L/min。设备提供厂家为美国 MTS

公司,台面由 MTS 公司设计后委托首都钢铁公司制造,竖向 4 台作动器,水平 4 台作动器(图 2.4)。该振动台的主要技术参数如下(表 2.6):

表 2.6 西安建筑科技大学地震模拟振动台系统主要技术参数

技术参数	A 台
台面尺寸(m×m)	4.1×4.1
最大试件质量(t)	满负荷:20;减负荷:30
台面自重(t)	18
最大抗倾覆力矩(kN·m)	800
工作频率范围(Hz)	0.1~100
最大位移(mm)	X:±150;Y:±250;Z:±100
最大速度(mm/s)	X:±1 000;Y:±1 250;Z:±800
最大加速度(g)	载荷 20 t:X:±1.5;Y:±1.0;Z:±1.0 载荷 30 t:X:±1.0;Y:±1.0;Z:±0.9
试件最大偏心距(mm)	≥600
最大偏心弯矩(kN·m)	300

图 2.4 西安建筑科技大学 4.1 m×4.1 m 振动台

中国水利水电科学研究院

中国水利水电科学研究院 1987 年从德国 Schenck 公司引进了全套振动台,考虑水工结构模型的大缩比,该振动台的工作频率上限达到了 120 Hz。振动台由德国 Schenck 公司总承包建设,台面由 Schenck 公司设计后委托国内公司制造,X 方向设置 2 台作动器,Y 方向设置 1 台作动器,Z 方向设置 4 台作动器,采用 Schenck 公司油源,流量 1 155 L/min。该振动台的主要技术参数如下(表 2.7):

表 2.7　中国水利水电科学研究院振动台主要技术参数

技术参数	A 台
台面尺寸(m×m)	5.0×5.0
最大试件质量(t)	20
台面自重(t)	23.5
最大抗倾覆力矩(kN·m)	350
工作频率范围(Hz)	0.1~120
最大位移(mm)	X：±40；Y：±40；Z：±30
最大速度(mm/s)	X：±400；Y：±400；Z：±300
最大加速度(g)	X：±1.0；Y：±1.0；Z：±0.7

中国地震局工程力学研究所

中国地震局工程力学研究所 1986 年采用国产设备自行研制了双向振动台,1997 年升级成三向振动台。该振动台由工程力学研究所依靠国内技术力量建设完成,全部机械和液压系统由国内制造,主要依靠天水红山试验机厂。控制系统由工程力学研究所自行研制,数据采集系统也集合了国内多家厂家的动态测试设备。该振动台的主要技术参数如下(表 2.8):

表 2.8　中国地震局工程力学研究所振动台主要技术参数

技术参数	A 台
台面尺寸(m×m)	5.0×5.0
最大试件质量(t)	30
台面自重(t)	20
最大抗倾覆力矩(kN·m)	750
工作频率范围(Hz)	0.5~40
最大位移(mm)	X：±80；Y：±50；Z：±50
最大速度(mm/s)	X：±600；Y：±600；Z：±300
最大加速度(g)	X：±1.0；Y：±1.0；Z：±0.7

北京工业大学

北京工业大学 2002 年建设了一台单向地震模拟振动台,现已升级为水平双向振动台。

该振动台为降低造价,采用国产、进口部件以及自行研制的控制系统组合完成。振动台采用1台MTS公司油源,流量350 L/min。竖向采用4连杆支撑,水平向均为2连杆定位。水平向采用MTS公司作动器激振,采用MTS公司的TestStar-Ⅱ控制器,在其前端加设加速度控制装置。该振动台的主要技术参数如下(表2.9):

表2.9 北京工业大学振动台主要技术参数

技术参数	A台
台面尺寸(m×m)	3.0×3.0
最大试件质量(t)	10
台面自重(t)	6
最大抗倾覆力矩(kN·m)	300
工作频率范围(Hz)	0.4~50
最大位移(mm)	X:±120;Y:±100
最大速度(mm/s)	X:±600;Y:±600
最大加速度(g)	X:±1.0;Y:±1.0

哈尔滨工业大学

哈尔滨工业大学地震模拟振动台于1987年建设完成,为单向水平振动台。该振动台由哈尔滨工业大学采用Schenck公司作动器自行研制完成,其油源共用其Schenck拟动力系统的油源。台面自重3 t,由国内厂家生产。台面支撑系统采用国内唯一的交叉十字形钢板弹簧铰,控制系统由哈尔滨工业大学实验室自行研制。数据采集系统也集合了国内多家厂家的动态测试设备。该振动台的主要技术参数如下(表2.10):

表2.10 哈尔滨工业大学振动台主要技术参数

技术参数	A台
台面尺寸(m×m)	3.0×4.0
最大试件质量(t)	12
台面自重(t)	3
最大抗倾覆力矩(kN·m)	200
工作频率范围(Hz)	0.4~40
最大位移(mm)	X:±125
最大速度(mm/s)	X:±760
最大加速度(g)	X:±1.5

南京工业大学

南京工业大学地震模拟振动台采用 MTS 公司作动器及液压控制系统,台面由国内设计加工,台面自重 8 t,台面支撑系统采用进口球铰 4 连杆体系。控制系统为美国进口 3 参量多通道振动控制器并集成了多通道动态数据采集系统。振动台建设完成于 2006 年,该振动台的主要技术参数如下(表 2.11):

表 2.11 南京工业大学振动台主要技术参数

技术参数	A 台
台面尺寸(m×m)	3.0×5.0
最大试件质量(t)	15
台面自重(t)	8
最大抗倾覆力矩(kN·m)	450
工作频率范围(Hz)	0.1~50
最大位移(mm)	±120
最大速度(mm/s)	±500
最大加速度(g)	±1.0

华侨大学

华侨大学地震模拟振动台主要参数如下(表 2.12):

表 2.12 华侨大学振动台主要技术参数

技术参数	A 台
台面尺寸(m×m)	5.0×5.0
最大试件质量(t)	45
最大抗倾覆力矩(kN·m)	1 500
工作频率范围(Hz)	0.1~50
最大位移(mm)	X:±350;Y:±350;Z:±300
最大速度(mm/s)	X:±1 000;Y:±1 000;Z:±800
最大加速度(g)	X:±1.5;Y:±1.5;Z:±1.0

重庆交通科研设计院桥梁动力学国家重点实验室

重庆交通科研设计院有一个固定的 A 台和一个可沿轨道移动的 B 台组成的两台线状多功能振动台组(图 2.5);其 A 台和 B 台的台面尺寸均为 3.0 m×6.0 m,每台竖向承载能力均为 35 t,最大水平位移为 150 mm,最大加速度为 1.0g,B 台可在纵向 20 m 范围移动,每个振动台均为 6 个自由度。系统具有三种模式的地震模拟试验能力:①两台独立工作模式(6 个自由度);②两台合成一体工作模式(相当于一套 3 m×12 m 的 6 个自由度振动台);③两台作关联运动的台阵工作模式(两个振动台同步控制,输入控制波形可以相同,也可以不同,即作为一套 12 自由度的系统)。该振动台台阵系统技术参数如下(表 2.13):

表 2.13 重庆交通科研设计院振动台主要技术参数

技术参数	A	B
台面尺寸(m×m)	3.0×6.0	3.0×6.0
振动方向	3	3
最大有效载荷(t)	35	35
台面最大位移(mm)	X:±150;Y:±150;Z:±100	X:±150;Y:±150;Z:±100
台面满载最大加速度(g)	X:±1.0;Y:±1.0;Z:±1.0	X:±1.0;Y:±1.0;Z:±1.0
台面满载最大速度(mm/s)	X:±800;Y:±800;Z:±600	X:±800;Y:±800;Z:±600
最大倾覆力矩(kN·m)	700	700
最大偏心力矩(kN·m)	350	350
工作频率范围(Hz)	0.1~100	0.1~100
振动波形	周期波、随机波、地震波	周期波、随机波、地震波
控制方式	数控	数控
可移动最大距离(m)	固定	2.0~20.0

图 2.5 重庆交通科研设计院振动台

同济大学地震模拟振动台四台阵

同济大学新建的台阵系统由四个可沿轨道移动的 A、B、C、D 四台线状多功能振动台组成,A、B、C、D 台可沿 A 轨道移动形成一线状振动台;B、C 还可沿垂直于 A 轨道的 B、C 轨道移动形成一大台面矩形振动台。系统由 4 个振动台组成,但每个台只有 3 个平面运动自由度,在建设时考虑后期各振动台性能升级为 6 个空间运动自由度。为了满足不同结构抗震的实验要求,对四个振动台的性能进行了分级,其中:C 台为主台,最大载重为 70 t,最大水平位移为 500 mm;B 台最大载重为 70 t,最大水平位移为 300 mm;A、D 台最大载重为 30 t,最大水平位移为 300 mm;其为国产和进口的组合产品。同济大学振动台于 2013 年 6 月完成验收(图 2.6),已经完成多项试验。该振动台主要技术参数如下(表 2.14):

表 2.14　同济大学地震模拟振动台主要技术参数

技术参数	A D	B C
台面尺寸(m×m)	4.0×6.0	4.0×6.0
振动方向	3	3
最大有效载荷(t)	30	70
台面最大位移(mm)	±300	B:±300;C:±500
台面满载最大加速度(g)	±1.5	±1.5
最大倾覆力矩(kN·m)	200	400
工作频率范围(Hz)	0.1~50	0.1~50
振动波形	周期波、随机波、地震波	周期波、随机波、地震波
控制方式	数控	数控

图 2.6　同济大学振动台台阵

福州大学

福州大学地震模拟振动台系统包括三个振动台,中间为固定的 4.0 m×4.0 m 水平双向振动台,两边为 2.5 m×2.5 m 可移动的水平双向振动台各一个,三个振动台在 10 m×30 m 的基坑内沿一直线布置。该三台阵系统总共可承受超过 40 t 重的模型荷载,其中大台最大承载为 22 t,小台为 10 t,台面满载时加速度可达到 1.5g,也可进行模拟烈度超过 10 度的地震动试验。振动台系统采用全数字化电脑控制,可真实地再现地震波全过程(图 2.7)。其可实现如下工作模式:①每个振动台独立工作模式(三个单台分别控制);②三台合成一体工作模式(三台同步工作,相当于 10.0 m×2.5 m 单个大型振动台);③任意两个振动台做关联运动的工作模式(任意两个振动台同步控制,输入控制波形可以相同,也可以不同);④三个振动台作关联运动的台阵工作模式(全部三个振动台同步控制,输入控制波形可以相同,也可以不同,即作为一套 3×2 自由度的振动台台阵系统)。该振动台主要技术参数如下(表 2.15):

表 2.15　福州大学地震模拟振动台主要技术参数

技术参数	A	B
台面尺寸(m×m)	4.0×4.0	2.5×2.5
最大有效载荷(t)	22	10
台面最大位移(mm)	±250	±250
台面最大转角(度)	−13～+19	−13～+19
台面满载最大加速度(g)	X:±1.5;Y:±1.2	X:±1.5;Y:±1.2
最大倾覆力矩(kN·m)	600	200
工作频率范围(Hz)	0.1～50	0.1～50

图 2.7　福州大学三台阵系统

中国地震局工程力学研究所

中国地震局工程力学研究所双台阵试验系统由主、副双台面组成两台线状多功能振动台阵,主台面尺寸 5.0 m×5.0 m,副台面尺寸 3.5 m×3.5 m,有效荷载分别为 30 t 和 6 t(图 2.8)。该振动台主要技术参数如下(表 2.16):

表 2.16　中国地震局工程力学研究所振动台主要技术参数

技术参数	A	B
台面尺寸(m×m)	5.0×5.0	3.5×3.5
激振方向	X,Y,Z,三向六自由度	X,Y,Z,三向六自由度
台面最大水平位移(mm)	$X:\pm500$;$Y:\pm500$;$Z:\pm200$	$X:\pm250$;$Y:\pm250$;$Z:\pm200$
台面最大速度(mm/s)	$X:1\,500$;$Y:1\,500$;$Z:1\,200$	$X:2\,000$;$Y:2\,000$;$Z:1\,800$
台面满载最大加速度(g)	$X:\pm2.0$;$Y:\pm2.0$;$Z:\pm1.5$	$X:\pm4.0$;$Y:\pm4.0$;$Z:\pm3.0$
台面最大有效负载(t)	30	6
最大倾覆力矩(kN·m)	800	400
工作频率范围(Hz)	0.1~100	0.1~100
振动波形	正弦波、随机波、地震波	
台面驱动	液压伺服驱动	
其他	主、副台构成台阵,两台能协调完成同步激励、非一致激励的加载,主台为固定台,副台为移动台,主、副台面间距可调	

图 2.8　中国地震局工程力学研究所双台阵系统

西南交通大学

西南交通大学地震模拟振动台双台阵试验系统由主、副双台面组成两台线状多功能振动台阵,主台面尺寸 10.0 m×8.0 m,副台面尺寸 3.0 m×5.0 m,有效荷载分别为 160 t 和 30 t。主、副台共用油源系统、反力基础,控制系统整合于同一系统中,副台为可移动振动台,主、副台面间的距离可在 32 m 的范围内调节(图 2.9)。加载形式包括地震荷载、振动荷载(周期波、随机波等)。振动台工作模式为:①两个振动台作关联运动的工作模式,两个振动台同步控制,输入控制波形可以相同,也可以不同,即作为一套三向六自由度振动台台阵系统工作。②每个振动台独立工作模式。该振动台主要技术参数如下(表 2.17):

表 2.17 西南交通大学地震台主要技术参数

技术参数	A	B C
台面尺寸(m×m)	10.0×8.0	3.0×5.0(3.0×6.0)
激振方向	X,Y,Z,三向六自由度	X,Y,Z,三向六自由度
连接、支撑及导向系统	静压轴承技术	
台面最大水平位移(mm)	X:±800;Y:±800	X:±400;Y:±400
台面最大垂直位移(mm)	Z:±400	Z:±400
台面最大水平速度(mm/s)	X:±1 200;Y:±1 200	X:±1 800;Y:±1 800
台面最大竖直速度(mm/s)	Z:±830	Z:±1 500
台面满载最大水平加速度(g)	X:±1.2;Y:±1.2	X:±2.0;Y:±2.0
台面满载最大竖直加速度(g)	Z:±1.0	Z:±1.5
台面最大有效负载(t)	160	30
最大容许倾覆力矩(kN·m)	600	75
工作频率范围(Hz)	0.1~50	0.1~50
振动波形	正弦波、随机波、地震波	

图 2.9 西南交通大学地震模拟振动台

中南大学

中南大学地震模拟振动台包括四个六自由度振动台(图 2.10),每个振动台的尺寸为 4.0 m×4.0 m,第一期建设其中的两个六自由度振动台,由英国 Servotest 公司提供设备。该振动台主要技术参数如下(表 2.18):

表 2.18　中南大学六自由度振动台技术参数

技术参数	A	B
台面尺寸(m×m)	4.0×4.0	4.0×4.0
激振方向	X,Y,Z,三向六自由度	X,Y,Z,三向六自由度
台面最大位移(mm)	X:±250 Y:±250 Z:±160	X:±250 Y:±250 Z:±160
台面最大速度(mm/s)	X:±1 000 Y:±1 000 Z:±1 000	X:±1 000 Y:±1 000 Z:±1 000
台面满载最大水平加速度(g)	20 t 时 1.2g; 30 t 时 1.0g	20 t 时 1.2g; 30 t 时 1.0g
台面满载最大竖直加速度(g)	20 t 时 2.0g; 30 t 时 1.6g	20 t 时 2.0g; 30 t 时 1.6g
台面最大有效负载(t)	30	30
最大容许倾覆力矩(kN·m)	300	300
工作频率范围(Hz)	0.1~50	0.1~50
单台面连续正弦波振动速度(mm/s)	750	750

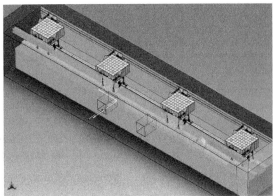

图 2.10　中南大学多功能振动台

北京工业大学

北京工业大学联合国内厂商研发了单自由度九台阵系统,单个台面尺寸为 1.0 m×1.0 m,

可以在试验大厅内灵活移动布置(图 2.11)。该振动台主要技术参数如下(表 2.19):

表 2.19 北京工业大学单自由度振动台技术参数

技术参数	A	B(8 个)
台面尺寸(m×m)	1.0×1.0	1.0×1.0
激振方向	单自由度,X、Z 向切换	单自由度,X、Z 向切换
台面最大位移(mm)	±75	±75
台面最大水平速度(mm/s)	±600	±600
台面满载最大水平加速度(g)	空载时 2.5g;5 t 时 1.0g	空载时 2.5g;5 t 时 1.0g
台面满载最大竖直加速度(g)	空载时 2.5g;5 t 时 0.8g	空载时 2.5g;5 t 时 0.8g
台面最大有效负载(t)	5	5
工作频率范围(Hz)	0.4～50	0.4～50
波形	规则波、地震波	

水平地震动作用下的振动台试验研究见图 2.11 所示:

图 2.11 北京工业大学单自由度地震模拟振动台九台阵

第3章
4.0m×6.0m单向地震模拟振动台

3.1 振动台组成

东南大学 4.0 m×6.0 m 电液伺服地震模拟振动台系统由基础、台面、油源系统、激振器、伺服阀与控制器、数据采集与分析系统和计算机与控制软件等 7 部分组成(图 3.1)。

(a) 振动台外观

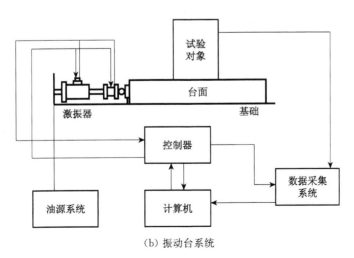

(b) 振动台系统

图 3.1 东南大学 4.0 m×6.0 m 振动台

3.2 振动台部件选用

3.2.1 基础

基础是振动台系统的重要组成部分,基础的性能直接影响到系统的正常运行。另外基础的振动对工作人员的工作以及其他在实验大厅进行的实验也有影响。比较常见的振动台基础有整体式开口箱形基础、水平和垂直分离型基础等,由于实验室已建有用于拟静力试验和拟动力试验的地板,所以把实验室的地板就作为振动台的基础,这样就使整个实验室地板的质量参与振动,从而减小了基础的振动。

3.2.2 台面

振动台选择的是钢焊结构台面,如图3.2所示。台面尺寸为 4.0 m×6.0 m,台面质量20 t,台面厚 0.4 m。由于台面尺寸较大,致使加工和运输都会发生困难,所以台面选择由两块 2.0 m×6.0 m 的台面拼装而成。在台面的制作工艺方面也有相关的要求,例如钢结构的焊接需满足《建筑钢结构焊接技术规程》及《钢结构工程施工及验收规范》的要求,台面、端面、侧面的外表面需进行有效处理,使其达到所要求的平整度等。

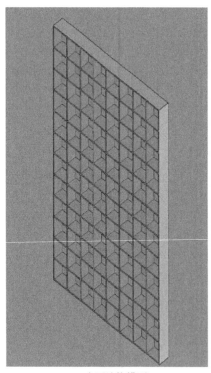

(a) 台面结构模型

(b) 未安装的台面结构

(c) 安装完成后的台面结构

图 3.2　台面结构

3.2.3 导轨

导轨是基础与台面间的连接装置,是台面的一部分。导轨的功能要求是保证在振动运行方向能自由运动,在多自由度地震模拟振动台中更要保证各自由度方向能运行自如。对导轨的要求是很高的,一方面需要有很高的刚性,另一方面在运动方向摩擦系数要很低。

由于振动台的台面比较大,并且是以实验大厅的地板为振动台基础,所以振动台的连接装置选择直线导轨。整个台面安装了 12 个导轨,每个导轨的最大行程为 500 mm,最大静承载力为 127 kN,最大动荷载为 80 kN,摩擦系数为 3‰,所有导轨总的静负载为$1.5×10^6$ kN,动负载为 960 kN,抗倾覆力矩为 1 000 kN·m,导轨装配见图 3.3 所示:

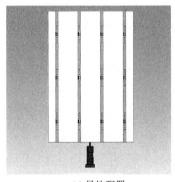

(a) 导轨配置　　　　　　　　　(b) 导轨安装

图 3.3　导轨装配

3.2.4 激振器

振动台的激振器就是 100 t 液压伺服作动缸,它是驱动系统动作的直接执行元件。作动缸主要由缸体、活塞头、活塞杆、力传感器、行程传感器等组成,基本构造如图 3.4 所示:

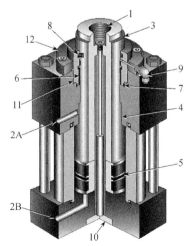

(a) 作动缸外形图　　　　　　　　　(b) 作动缸内部结构

图 3.4　作动缸的基本构造图

1—活塞头;2A—进出油口;2B—进出油口;3—活塞杆;4—衬垫;5—活塞密封;6—活塞轴承;
7—高压密封;8—低压密封;9—高压密封回油口;10—传感器;11—密封管;12—固定板

伺服阀配置在作动缸的上面,目的是用来控制液压油的方向和流量,实现对作动缸的快速、精确地控制。作动缸分单出力和双出力两种。我们选用的是 MTS 244.51 型号的双出杆方式作动缸,最大行程为 ±250 mm,额定载荷为 ±1 000 kN,活塞杆两端的面积相同,带有 3.8 L 紧耦合蓄能器,带有 LVDT 传感器。有效面积为 4.87×10^{-2} m²。

3.2.5　伺服阀与控制器

电液伺服阀是模拟电液伺服系统的核心元件,它是一种能量转换和液压放大装置,可以将微弱的电信号成比例地转换成液压输出。电液伺服阀种类较多,按放大等级可分为:单级阀、二级阀、三级阀、四级阀等;按前置级结构可分为:滑阀、喷嘴挡板、射流管等;按内部反馈形式可分为:位移反馈的一般流量阀、负载压力反馈的压力阀等。实验室内常见的电液伺服阀一般选用喷嘴挡板作为前置级,放大等级为二、三级左右,它的外形及构造分别如图 3.5 所示。电液伺服阀主要由力矩马达、喷嘴-挡板前置级和功率级滑阀所组成,由反馈杆进行力的反馈。由于振动台系统有着较大的动态性能,所以采用 MTS 256.25 三级阀,阀流量为 946 L/m(250 gpm)。

图 3.5　电液伺服阀　　　　　　　图 3.6　GT 控制器

振动台的控制部分由 MTS flex GT 控制器来完成,其外形见图 3.6 所示。控制器以计算机为平台,通过软件编程可完成不同实验方案的加载。另外根据振动台实验的具体情况,还可以配置波形发生器,产生各种波形。控制系统支持 8 个通道,具有多站台控制能力,这样既可以在一台计算机上同时管理几个站台,也可以每个计算机管理一个站台,实现任务分派。

3.2.6　油源系统

油源系统部分主要由液压泵、液压管路、单向阀、电磁溢流阀、比例溢流阀、精滤油器、粗滤油器等组成,其作用是为整个系统提供稳定的液压动力。

在系统运行中可能会因为执行元件密封不完善或元件老化等原因带入污染物,由于电液伺服阀等精密元件对液压油的要求很高,所以在进油回路和回油回路中都装有滤油器。

液压油系统中损失的油流量主要是转变为热能,液压油在工作过程中温度会不断地升高,如果液压油温度超过系统设定的限定温度,那么就会造成系统其他设备的损坏,所以系统中配有水冷强迫散热降温的冷却系统。

为了节约能源,提供瞬时流量,在系统中添加了蓄能器。系统采用的蓄能器组包括 370 L 压力蓄能器和 92 L 回油蓄能器。蓄能器的作用有三个方面,一是储存液压能,作短期的恒压油源;二是维持系统的压力;三是消除或者减弱系统中的压力脉动,吸收压力冲击,保持压力稳定。

系统采用的是 505.18 油泵,见图 3.7 所示。系统额定工作压力为 21 MPa(3 000 psi),最大流量为 680 L/min(180 gpm),电机功率为 45 kW,液压油过滤精度 10 μm,压力脉动小于 0.15 MPa,负载压降小于 1.0 MPa,噪音小于 90 dB。

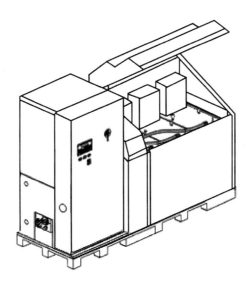

图 3.7　油泵

3.2.7　数据采集及分析系统

控制系统为 MTS 793 软件,采用波形发生器进行波形拟合,添加了 TVC 三参量(位移、速度和加速度三个参量)控制软件。振动台试验中常常用到的传感器有应变片、加速度传感器、位移传感器、速度传感器等。系统采用 TST3000 动态信号测试分析系统进行分析,USB3.0 数据传输接口,最高采样频率 20 kHz 并行同步采样,实时传输,实时显示,实时存储,如图 3.8 所示:

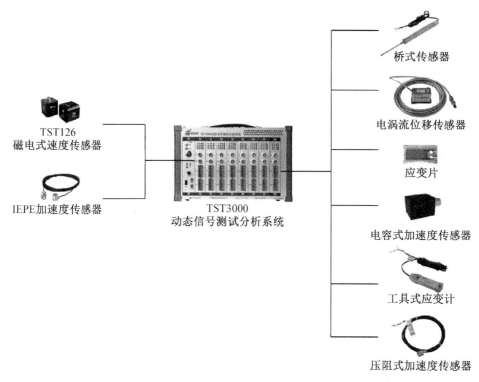

图 3.8　TST3000 动态信号测试分析系统

3.3　系统性能参数

系统控制部分选用美国 MTS 系统公司的产品,台面以及管道等由国内生产。由于实验室已建设有拟静力试验的液压伺服系统,所以在这次建设中应综合考虑已有的油源系统,按要求添加油泵和蓄能器等部件,根据液压流量选择油管性能参数。综合上述分析后,振动台的主要性能参数如下:

振动方向:　单水平

驱动方式:　电液伺服

台面尺寸:　6.0 m×4.0 m

台面结构:　钢焊

台面质量:　20 t

最大模型质量:　30 t

最大加速度:　1.5g(20 t 模型质量)

　　　　　　　3.0g(空载)

最大行程:　±250 mm

最大激振力:　±1 000 kN

频率范围:　0.1～50 Hz

3.3.1　台面

(1) 建模

由于台面尺寸较大,所以台面采用由图 3.2(b)所示的两块 2.0 m×6.0 m 的台面板拼装而成。振动台的台面需要有足够的刚度和承载力,以便于台面的自振频率能够避开振动台的使用频率范围,不至于造成系统的共振,为此,有必要对台面的自振特性进行有限元模拟,初步确定结构的动态性能。

运用 SAP2000 结构有限元软件分析台面的动态性能,台面平面尺寸 4.0 m×6.0 m,根据顶板、肋板厚度及肋板和支座的分布形式等设计参数,最终确定的计算模型如图 3.9 所示。选用的材料为 Q235,取弹性模量 $E=2.06×10^5$ N/mm^2,泊松比 $\nu=0.3$,单元为四节点壳单元(4×4 细分),边界为 12 个铰支座,分布如图 3.9 所示:

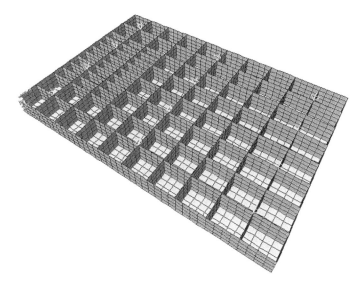

图 3.9　整体计算模型(台面向下)

(2) 计算结果及分析

第一振型如图 3.10 所示,周期 $T_1=0.005\,33$ s,频率 $f_1=\dfrac{1}{T_1}=187.6$ Hz。系统使用频率为 0.1~50 Hz,根据文献介绍台面的第一阶自振频率应该大于 $\sqrt{2}$ 倍最大使用频率,即大于 $\sqrt{2}×50=70.7$ Hz,显然是满足要求的。考虑钢板较厚,实际施工时焊缝难以焊实,且连接螺栓的使用也会导致实际频率略小于计算频率,187.6 Hz 的第一自振频率是有一定余量的,同时也为振动台的适用频率范围提供了扩展空间。

根据上述分析,从图 3.10、图 3.11 和图 3.12 中可以看出,台面前三阶频率分别为 187.6 Hz、207.9 Hz 和 214.1 Hz。台面自振频率远大于振动台的使用频率上限 50 Hz。所以从理论上讲台面本身动力特性不会影响振动台的波形再现精度。

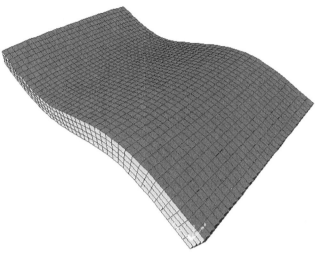

图 3.10　第一振型(台面向上;$T_1 = 0.005\ 33$ s;$f_1 = 187.6$ Hz)

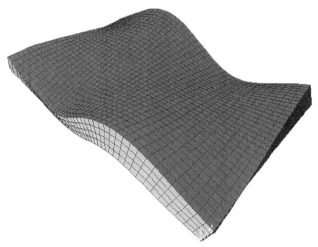

图 3.11　第二振型(台面向上;$T_2 = 0.004\ 81$ s;$f_2 = 207.9$ Hz)

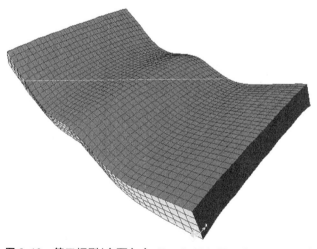

图 3.12　第三振型(台面向上;$T_3 = 0.004\ 67$ s;$f_3 = 214.1$ Hz)

3.3.2　作动器

初步选定台面加速度 a_{max} 为 1.5g，台面质量为 20 t，一般高层建筑的原型结构质量在 100 t 以下，根据相似关系，最大模型质量设定为 30 t，根据台面质量和模型质量，可计算作动器的最大出力值 F_{max}：

$$F_{max} = Ma_{max} = (20 + 30) \times 1.5 \times 10 = 750 \text{ kN} \tag{3-1}$$

液压系统工作压力 p 约为 21 MPa(3 000 psi)，根据最大出力，可以计算作动器的有效面积 A：

$$A = \frac{F_{max}}{p} = \frac{750 \text{ kN}}{21 \text{ MPa}} \approx 3.60 \times 10^{-2} \text{ m}^2 \tag{3-2}$$

根据上述计算结果，作动器最大动荷载在 60～70 t，有效面积为 $4 \times 10^{-2} \sim 5 \times 10^{-2}$ m²，并考虑到加载荷载值要留有一定的余量，最终我们选择了美国 MTS244.51 动态作动器，其最大出力为 100 t，最大行程为 ±250 mm，实际有效面积 A 为 4.87×10^{-2} m²，作动器的具体性能参数如图 3.13 所示：

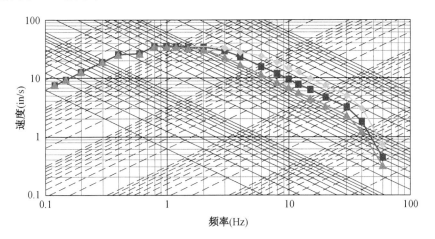

图 3.13　作动器功能曲线

3.3.3　油源系统

振动台需要一个足够流量的油源系统，才能有高的动态性能。根据上述分析，取最大速度 600 mm/s 能满足绝大部分的试验要求，根据流量公式(3-3)，可以计算出最大的瞬时流量 Q_{max}。

$$Q_{max} = Av_{max} = 487 \text{ cm}^2 \times 60 \text{ cm/s} = 1\ 753.2 \text{ L/min} \tag{3-3}$$

可计算出平均流量 Q_{ave} 为

$$Q_{ave} = \frac{Q_{max}}{\frac{3\pi}{2}} = \frac{1\ 753.2}{\frac{3\pi}{2}} = 372 \text{ L/min} \tag{3-4}$$

考虑到台面不仅要做地震波试验，同时需要进行一些谐波试验，比如核动力设备的考核试验、阻尼设备的耗能试验等。另外需要考虑到实验室中同时进行的其他试验,如拟动力试验和疲劳试验。在选择油源系统流量时宜更大一些。综合上述分析,最终选择油源为 MTS 505.18 系列,有六个油泵,油泵系统总共能提供的平均流量是 180 gpm,即 682 L/min。考虑到振动台工作的时候有足够的能力供应其他的作动器工作,故增加 4 个 370 L/min 的蓄能器,最终瞬时流量可以达到 1 800 L/min,以便可靠地保证振动台系统的动态性能。

3.3.4 伺服阀

伺服阀选择双阀控制,即在单个作动器上安装有两个三级伺服阀,可以同时工作。三级阀采用的是 MOOG MTS256.25 伺服阀,单个阀流量高达 950 L/min,伺服阀的功能曲线如图 3.14 所示:

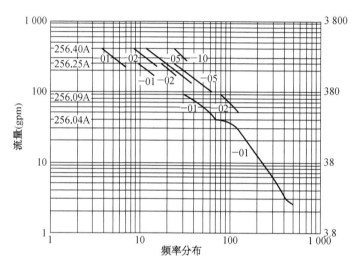

图 3.14　伺服阀的功能曲线

3.3.5 系统设计最大功能曲线

简单的最大功能曲线,如图 3.15 所示,它表示振动台承受 20 t 试验模型情况下,振动台期望的加速度、速度及位移与频率间的关系曲线。振动台系统设计最大的位移为 ±250 mm,系统最大的速度为 600 mm/s,系统最大的加速度为 15 m/s²。

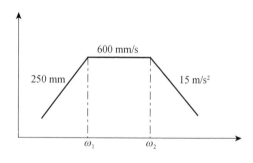

图 3.15　系统最大功能曲线

3.4 控制系统的组成及数学模型

3.4.1 控制系统组成

振动台的控制系统可以分内外两个组成部分,即内部循环系统和外部循环系统,也可称小闭环系统和大闭环系统。内部循环系统是以伺服阀为核心的小闭环系统,外部循环系统是指外部控制命令值到系统反馈形成的大闭环系统。在外部循环系统中,除了传统的 PID 控制模式外还可以加入不同种类的信号,信号经过放大调理后组成不同的控制模式,如前馈控制模式、压差反馈控制模式等。其中 PID 控制模式与误差信号相关,前馈控制模式与控制信号相关,压差控制模式与系统的压力差相关。各种控制模式的具体算法将在下面的章节阐述。系统总的控制流程图见图 3.16 所示:

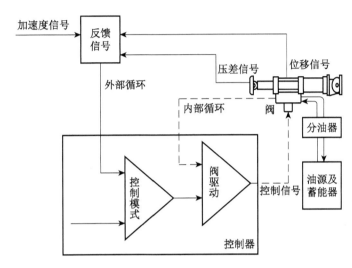

图 3.16   系统控制流程图

3.4.2   系统控制的数学模型

计算分析得到数学模式:

$$B(s) = \frac{X_b(s)}{X_t(s)} = \frac{-\dfrac{M_t}{M_T} \cdot s^2}{s^2 + s \cdot 2 \cdot \xi_b \cdot \omega_b + \omega_b{}^2} \tag{3-5}$$

假设连接装置是刚性连接,并且控制系统设置中只有将比例增益设为 1,其他增益都为 0,则传递函数可以简化为

$$H'(s) = \frac{S'(s)}{1 + S'(s)} \tag{3-6}$$

3.4.3   系统的参数

东南大学振动台系统参数:

台面质量: $M = 20\,000$ kg;

作动器有效面积: $A = 4.87 \times 10^{-2}$ m^2;

作动器的行程: $L = 0.25$ m;

缓冲层: $\theta = 0.01$ m;

管道系数: $\eta = 1.1$;

油液体积弹性模量: $\beta = 7 \times 10^8$ N/m^2;

油腔体积:	$V = 0.027\ 856\ \mathrm{m^3}$;	
伺服阀的流量增益:	$K_q = 0.01\ \mathrm{m/s}$;	
伺服阀的流量压力系数:	$K_C = 1.38 \times 10^{-11}\ \mathrm{m^5/(N \cdot s)}$;	
泄漏系数:	$K_{le} = 1.0 \times 10^{-13}\ \mathrm{m^5/(N \cdot s)}$。	

3.4.4 油柱共振频率理论计算

油柱共振频率计算公式为

$$f_0 = \frac{\omega_0}{2\pi} = \frac{\sqrt{\dfrac{4\beta A^2}{MV}}}{2\pi} \tag{3-7}$$

由于油液的泄漏系数与伺服阀的流量压力系数相差两个数量级,所以在这里就不考虑油液的泄漏系数,于是阻尼计算公式可以写为

$$\xi = \frac{1}{2} \cdot \frac{MK_C}{A^2}\omega_0 = \frac{K_C}{A}\sqrt{\frac{M\beta}{V}} \tag{3-8}$$

可以计算出 $f_0 = 17.38\ \mathrm{Hz}$,对应于不同的荷载值,可以得到系统理论的油柱共振频率,分别列在表 3.1 中。由于系统油管和其他各方面的原因,实际油柱共振频率与计算值会有一定的差异。

表 3.1 不同荷载值下系统的油柱共振频率值

M (kg)	ω_0 (Hz)	f_0 (Hz)	ξ
20 000	109.2	17.38	0.006 4
22 500	103.0	16.39	0.006 8
25 000	97.7	15.55	0.007 1
27 500	93.0	14.82	0.007 5
30 000	89.2	14.19	0.007 8
32 500	85.6	13.63	0.008 1
35 000	82.6	13.14	0.008 4
37 500	79.7	12.69	0.008 7
40 000	77.0	12.26	0.009 0
42 500	74.9	11.92	0.009 3
45 000	72.8	11.59	0.009 5

3.4.5 系统的仿真

对液压伺服控制系统的基本要求可以归纳为三个方面,即稳定性(长期稳定性)、快速性(相对稳定性)和准确性。稳定性要求系统受到干扰时经过一定时间的调整能够回到原来的期望值;稳定性是对系统的根本要求,不稳定的系统不能实现任务。快速性一般称为动态性

能或者是瞬态性能,如果控制对象的惯性很大,系统的反馈不及时,那么被控制量在瞬态过程中将产生过大的偏差,系统达到稳定的过程就会加长,并呈现各种不同的瞬态过程。一般对系统的瞬态不仅要求是稳定的,并且进行得越快越好,震荡越小越好。系统的准确性通常是用稳态误差来表示,即系统达到稳态时,输出实际量与期望值之间的误差。显然误差越小,精度越高。系统往往在满足稳态精度和瞬态品质之间存在矛盾,在调试中需要兼顾这两方面的要求,一般在试验调试前需要将系统仿真模拟。

(1) 位移控制模式下系统仿真

在不考虑系统的刚度时,系统的主要性能参数为开环增益。开环增益影响着系统的稳定性和精度,将系统的各个参数代入公式,可以得到系统的开环传递函数:

$$S(s) = 0.21 \cdot \frac{1}{s} \cdot \frac{1}{s^2 \frac{1}{109^2} + s \frac{0.012\,8}{109} + 1} \tag{3-9}$$

根据上述推导建立的数学模型,运用 Matlab 软件对系统进行仿真,可得到系统的闭环频率特性。在系统仿真分析中,采用 Bode 图对系统的稳定性进行分析,它由两个部分组成,即对数幅频特性图和对数相频特性图。

系统的加速度响应频率特性如图 3.17 所示。由图可以看出系统的阻尼比较小,在转折频率处出现了一个接近零分贝线的谐振峰值,幅值裕量比较小。阻尼比小限制了系统的开环增益,影响了系统的响应速度及精度。而且使得系统的频宽太低,无法满足对系统频宽的要求。

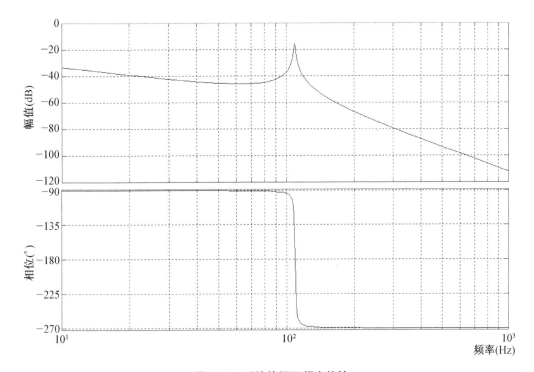

图 3.17　系统的闭环频率特性

（2）三参量控制模式下的系统仿真

理论上，对于包含位移、速度和加速度三状态的负反馈，如果把系统简化，把它看作是三阶系统，就可以认为三状态的负反馈已经构成了全状态反馈，于是可以根据设计要求任意配置系统的极点，任意调整内部回路的增益，即任意调整三个状态的反馈系数，从而得到各种想要的固有频率和阻尼比，使得简化模型的内部回路都会是稳定的。但实际上，当考虑到伺服阀、伺服放大器和传感器等环节的动态性能，即考虑到系统的未建模特性，系统实际上不是三阶而是高阶的，固有频率和阻尼比的提高会受到限制。若加速度和速度反馈系数过大会使得系统内环不稳定，系统将产生高频振荡。系统的未建模特性是三状态反馈校正控制的限制条件。可以通过调节得到较为理想的图形，如图 3.18 所示：

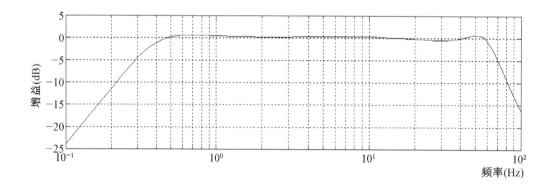

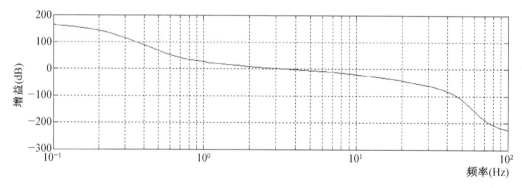

图 3.18 系统闭环特性

第 4 章
模型试验加载

地震模拟振动台可真实地再现各种地震波以及试验模型在地震作用下的动力响应规律、失效机理和破坏模式,是最为直接和准确的抗震试验方法之一。目前一般的结构试验都采用模型试验,模型是根据结构的原型,按照一定的比例进行缩尺,对模型进行试验可以得到与原型结构相似的工作情况,通常地震模拟振动台试验都是较为大型的试验,费用也比较高,为确保试验顺利进行,保障设备和人员安全,并获得理想的试验结果,在进行地震模拟振动台模型试验前,一定要先详细了解地震模拟振动台设备的性能参数,并基于该性能参数进行模型相似比设计,同时制定具体的试验方案并进行初步的有限元分析,在此基础上进行试验模型的制作、加工、安装和加载等。

4.1 模型动力相似比设计

地震模拟振动台试验首先应进行试验模型的设计。一般需要按照以下几个步骤解决:

(1)根据原型结构的尺寸,按照现有地震模拟振动台的规模来确定模型几何相似比。

(2)按照台面的最大承载能力和模型的重量,以确定所施加的最大配重荷载。

(3)综合给出模型的相似比,即给出与地震模拟振动台参数有关的时程曲线等的压缩比、加速度能级等的相似比。

(4)综合给出模型的相似比,根据模型的试验结果推算回原型结构。

结构模型进行设计时,应严格按照相似理论来进行。要求模型和原型尺寸的几何相似,并保持一定的比例;要求模型与原型的材料相似或具有某种相似关系;要求施加于模型的荷载按原型荷载的某一比例缩小或放大;要求确定模型结构试验过程中各参与的物理量的相似常数,并由此求得反映相似模型整个物理过程的相似条件。这是因为模型需和原型结构满足相似要求,才能按照相似条件由模型试验推算出原型结构的相应数据和试验结果。

4.2 模型的相似要求

4.2.1 几何相似

结构模型和原型满足几何相似,即要求模型和原型结构之间所有对应部分尺寸成比例,模型比例即为长度相似常数。即:

$$\frac{h_m}{h_p} = \frac{b_m}{b_p} = \frac{l_m}{l_p} = S_l \tag{4-1}$$

式中：m，p分别表示模型与原型。

对于一矩形截面，模型与原型结构的面积比、截面模量比和惯性矩比分别为：

$$S_A = \frac{A_m}{A_p} = \frac{h_m b_m}{h_p b_p} = S_l^2 \tag{4-2}$$

$$S_W = \frac{W_m}{W_p} = \frac{\frac{1}{6} b_m h_m^2}{\frac{1}{6} b_p h_p^2} = S_l^3 \tag{4-3}$$

$$S_I = \frac{I_m}{I_p} = \frac{\frac{1}{12} b_m h_m^3}{\frac{1}{12} b_p h_p^3} = S_l^4 \tag{4-4}$$

根据变形体系的位移、长度和应变之间的关系，位移的相似常数为：

$$S_x = \frac{x_m}{x_p} = \frac{\varepsilon_m l_m}{\varepsilon_p l_p} = S_\varepsilon S_l \tag{4-5}$$

4.2.2 质量相似

在结构的动力问题中，要求结构的质量分布相似，即模型与原型结构对应部分的质量成比例，质量的相似常数为：

$$S_m = \frac{m_m}{m_p} \tag{4-6}$$

具有质量分布的部分，用质量密度 ρ 表示更合适，质量密度相似常数为：

$$S_\rho = \frac{\rho_m}{\rho_p} \tag{4-7}$$

模型与原型的体积相似常数为：

$$S_V = \frac{V_m}{V_p} = \frac{h_m b_m l_m}{h_p b_p l_p} = S_l^3 \tag{4-8}$$

单位体积质量之比为质量密度相似常数：

$$S_\rho = \frac{S_m}{S_V} = \frac{S_m}{S_l^3} \tag{4-9}$$

4.2.3 荷载相似

荷载相似要求模型和原型在各对应点所受的荷载方向一致，荷载大小成比例。集中荷载相似常数为：

$$S_p = \frac{p_m}{p_p} = \frac{A_m \sigma_m}{A_p \sigma_p} = S_\sigma S_l^2 \qquad (4-10)$$

线荷载相似常数为：

$$S_\omega = S_\sigma \cdot S_l \qquad (4-11)$$

面荷载相似常数为：

$$S_q = S_\sigma \qquad (4-12)$$

弯矩或扭矩相似常数为：

$$S_M = S_\sigma \cdot S_l^3 \qquad (4-13)$$

当需要考虑结构自重的影响时,还需要考虑重量分布的相似：

$$S_{mg} = \frac{m_m \cdot g_m}{m_p \cdot g_p} = S_m S_g \qquad (4-14)$$

式中：S_m ——质量相似常数；

　S_g ——重力加速度相似常数。

已知 $S_m = S_\rho \cdot S_l^3$，通常 $S_g = 1$，则

$$S_{mg} = S_m S_g = S_\rho S_l^3 \qquad (4-15)$$

4.2.4　物理相似

物理相似要求模型与原型的各相应点的应力和应变、刚度和变形间的关系相似。

$$S_\sigma = \frac{\sigma_m}{\sigma_p} = \frac{E_m \cdot \varepsilon_m}{E_p \cdot \varepsilon_p} = S_E \cdot S_\varepsilon \qquad (4-16)$$

$$S_\tau = \frac{\tau_m}{\tau_p} = \frac{G_m \gamma_m}{G_p \gamma_p} = S_G S_\gamma \qquad (4-17)$$

$$S_\nu = \frac{\upsilon_m}{\upsilon_p} \qquad (4-18)$$

式中：S_σ ——法向应力相似常数；

　S_E ——弹性模量相似常数；

　S_ε ——法向应变相似常数；

　S_τ ——剪应力相似常数；

　S_G ——剪切模量相似常数；

　S_γ ——剪应变相似常数；

　S_ν ——泊松比相似常数。

由刚度和变形关系可知刚度相似常数为：

$$S_k = \frac{S_p}{S_x} = \frac{S_\sigma \cdot S_l^2}{S_\varepsilon S_l} = S_E \cdot S_l \qquad (4-19)$$

4.2.5 时间相似

对于结构的动力问题,在随时间变化的过程中,要求结构模型和原型在对应的时刻进行比较,要求对应的时间成比例,时间相似常数为:

$$S_t = \frac{t_m}{t_p} \tag{4-20}$$

4.2.6 边界条件以及初始条件相似

要求模型与原型在与外界接触的区域内的各种条件保持相似。即要求支承条件相似、约束情况相似以及边界上受力情况的相似。

对于结构动力问题,为保证模型与原型的动力反应相似,还要求初始时刻运动的参数相似,运动的初始条件包括初始状态下的初始几何位置、质点的位移、速度和加速度。

4.3 模型的相似常数

4.3.1 基本物理量的选择

从国内外试验研究来看,由于原型结构的试验规模大,要求试验设备的容量和试验经费也大。因此,目前采用较多的还是缩小比例的模型试验。模型是根据结构的原型,按照一定比例制成的缩尺结构,它具有原型结构的全部或部分特征。对模型进行试验可以得到与原结构相似的工作情况,从而可以对原结构的工作性能进行了解和研究。模型必须和原型相似,并符合相似理论的要求。任何结构模型都必须按照模型和原型结构相关联的一组相似要求来设计、加载和进行数据整理。确定相似条件,可采用方程式分析法,在研究对象各参数与物理量之间的函数关系不能用明确的方程式来表示时,可采用量纲分析法来进行模型相似设计。

4.3.2 地震波的选择

地震地面加速度记录是反映地震动特性的重要信息。地震波具有强烈的随机性,观测结果表明,即便是同次地震在同一场地上得到的地震记录也不尽相同。而结构的弹塑性时程分析表明,结构的地震反应随输入地震波的不同而差距很大,相差高达几倍甚至十几倍之多。故要保证时程分析结果的合理性,必须在综合考虑了场地条件、现有地震波记录的持时、峰值及频谱特性等因素之后,才能选定拟动力试验的输入波。

一般而言,供结构时程分析使用的地震波有三种:

(1)拟建场地的实际地震记录。

(2)人造地震波。

(3)典型的有代表性的过去强震记录。

如果在拟建场地上有实际的强震记录可供采用,是最理想、最符合实际情况的。但是,许多情况下拟建场地上并未得到这种记录。

　　人造地震波是采用电算的数学方法生成的符合某些要求的地面运动过程,这些指定的条件可以是地面运动加速度峰值、频谱特性、震动持续时间和地震能量等。

　　目前,在工程中应用较多的是一些典型的强震记录。国外用得最多的是埃尔森特罗(El Centro 1940,n-s)强震记录。它具有较大的加速度值[$A_{max} = 341$ cm/s²(341 Gal)],而且在相同的加速度时,它的波形能产生更大的地震反应。其次,塔夫特地震记录(Taft)也用得较多。近年来,国内也积累了不少强震记录,可供进行时程分析时选用。其中有滦河(1976. 8.31)、宁河(1976.11.25)地震记录,这两条地震记录的最大加速度已放大到 200 cm/s²(200 Gal)。其中,El Centro 和 Taft 地震记录适用于 Ⅱ 类场地;滦河地震记录适用于 Ⅰ 类场地;宁河地震记录适用于Ⅲ、Ⅳ类场地。

　　考虑到不同的地震波对结构产生影响差异很大,故选择使用典型的过去强震记录时应保证一定数量,并应充分考虑地震动三要素(振幅、频谱特性与持时)。

4.3.3　地震动的幅值

　　地震动幅值可指峰值加速度、峰值速度及峰值位移,对一般结构常用的是直接输入动力方程的加速度曲线,这主要是为了与结构动力方程相一致,便于对试验结构进行理论计算和分析。此外采集的地震加速度记录较多且加速度输入时的初始条件容易控制,对选用的地震记录峰值加速度应按比例放大或缩小,使峰值加速度相当于设防烈度相应的峰值加速度。烈度与峰值加速度对应关系见表 4.1 所示:

表 4.1　烈度与峰值加速度对应关系表

烈度	6	7	8	9	10
峰值加速度值	0.05g	0.10g	0.20g	0.40g	0.80g

注:g 为重力加速度。

4.3.4　地震动频谱

　　地震动频谱特征包括谱形状、峰值、卓越周期等因素。研究表明,在强震发生时,一般场地地面运动的卓越周期将与场地土的特征周期相接近。因此,在选用地震波时,应使选用的实际地震波的卓越周期乃至谱形状尽量与场地土的谱特征相一致。

　　因此考虑地震动频谱时,选择的地震波应与两个因素相接近:①场地土特征周期与实际地震波的卓越周期尽量一致;②考虑近、远震的不同。现行建筑抗震规范给出不同场地、远震、近震下的特征周期,见表 4.2 所示:

表 4.2　场地土特征周期

场地类别	1	2	3	4
近震(s)	0.20	0.30	0.40	0.65
远震(s)	0.25	0.40	0.55	0.85

4.3.5　地震动持续时间

　　地震时,结构进入非线性阶段后,由于持续时间的不同使得结构能量损耗积累不同,从而影响结构反应。持续时间的选择有三点要素：

（1）保证选择的持续时间内包含地震记录最强部分。

（2）对结构进行弹性最大地震反应分析时，持续时间可选短些，若对结构进行弹塑性最大地震反应分析或耗能过程分析时，持续时间可取长些。

（3）一般取 $T \geqslant 10T_1$（T_1 为结构的基本周期）。

4.4　模型试验与加载

4.4.1　模型制作

模型在缩尺后尺寸大为减小，为保证质量，一定要精心制作。模型与地震模拟振动台台面间有一底盘，底盘上留有与台面上安装孔相吻合的预留孔，此孔要比安装螺孔大，便于模型成型后安装顺利。模型底盘上应有吊装环，吊装环要与底盘中钢筋网相连，或与钢底板焊接一起，以便于吊车吊装。底盘的底平面要尽量平整，保证与台面有较好的接触。一种做法是在台面上直接制作底盘；另一种做法是在台面上制作一个样板底盘，模型在样板底盘上制作，包括模型底盘及上部模型。砌块模型所用砌块最好按原型尺寸缩小。钢筋混凝土模型其骨料也应相似缩小，捣制混凝土时，由于尺寸小，机具振捣可实现时可使用，如难以振捣时，只能分层手工捣制，以免出现空洞。

4.4.2　模型安装

模型吊装时，要缓缓吊至地震模拟振动台上，下落时一定避免冲击，以保证模型的安全。模型就位后，在底盘上要用平垫圈、弹簧垫圈将固紧螺栓拧紧，拧螺帽时要均匀用力予以拧紧，以防止在强地震时松动。模型上配重荷载可用铅块或铸铁块，施加时一定要牢固固定于模型上。可用螺栓固结，或用胶结，或用水泥砂浆固定，以防止在振动时荷载块脱落而飞出。

4.4.3　测量仪器选择

振动台上模型试验，常用的仪器包括加速度、位移、应变测量，以及相应的动态数据采集系统。

应变测量，用应变片测量钢筋混凝土模型内部钢筋的应变时，需在模型制作时预埋，保证应变片的绝缘电阻在 $500 \text{ m}\Omega$ 以上，并引出测量线。在混凝土表面测量混凝土应变时，应变片一般采用长标距的片子，可以后粘贴。为了在试验过程中不受温度影响，应配有相对应的温度补偿片。在双桥臂上的应变片电阻及所引导线电阻应尽量相等，以便于应变仪的桥路的平衡。应变仪可以是直接由数据采集系统自带，或经动态应变仪后接入动态数据采集系统的电压采集中去进行数据采集。

加速度测量，常用的是力平衡加速度计、集成固态（硅扩散）加速度计、应变式加速度计、压电晶体加速度计（带保持频带可达 0.1 Hz 的电荷放大器或用 ICP 型内置放大器加速度计）。频带上限通常在 $80{\sim}100 \text{ Hz}$ 即可。考虑到模型的放大作用，量程一般达到 $5g$

即可。

位移测量根据需要而定,如需测量楼层层间位移或模型相对于台面位移,需采用相对式位移计。如需测量绝对位移,一般需要在基础上设置安装仪器的钢架。目前,逐渐引入非接触式的变形测量技术。

其他特殊要求的仪器(如土压力计、观察裂缝开展过程的仪器等)视需要而定。

4.4.4　测点布置及仪器调试

按照模型设计时的要求,除应变片事先已预埋外,加速度、位移测点应当就位。如要测量各楼层之间的变化情况,应在各楼层上布置加速度计,在相邻楼层间布置相对位移计。如要观察模型是否有转动,则在模型振动方向的两侧布置测点,从其差值上来判断。加速度计与模型间的粘结,可用万能胶,也可用石膏固定。在加速度为 1g 左右时,可用橡皮泥固定。位移计如用拉线式,则采用直径为 0.3 mm 的钢丝张拉,位移计需粘结牢固。如用激光式位移计,光靶及光源间位置需仔细调整好。通常在台面上需布置一台加速度计,以台面加速度实测记录为准进行模型反应的分析。

各测点需用屏蔽电缆连接,连接前必须逐条线进行检测是否有断开的,如有应舍弃。各导线检查合格后,进行联机检查。

在检查各测量仪器是否正常工作时,如测量仪器有单独中间仪器时,可以单独检查。如直接与采集系统相接,则可进行系统检查。此时开启数据采集系统,对各测量通道进行逐点工作状态检查。按照预计的测量量程来决定,如查出哪路工作不正常,再在此通道上进行分段检查。加速度计可用晃动检查,拉线式位移计可用拉动检查,以判断出问题所在。对应变而言,如果桥路不能平衡,可能是断线,或两桥臂电阻差别太大所致。如果应变在零点处跳动而不稳定,往往是绝缘电阻不够,或连线未接牢靠。要检查是否绝缘电阻不够,可用摇表检查,但千万不能在全部联机情况下进行,必须把所有测线从采集系统或中间仪器上脱开后才能进行摇表检查,否则摇表的高压(达千伏量级)会击坏后接的各种仪器。如是绝缘不够,这种应变片只能舍弃。

所有仪器调试正常后即可进行下步试验。

4.4.5　动力特性试验

在未做地震波试验前,需要测量其动力特性的,则按动力特性测量方法中的配套仪器进行测量。如需要测量模型在不同破坏情况下的动力特性,则在进行了某一加速度能级的地震波试验后再进行一次测量。

4.4.6　地震波试验

在振动台系统开启正常后,组织正式的地震波试验。

(1)需要有一个统一指挥的人员。

(2)按预先需要的试验步骤设定地震波形、压缩比和能级。

(3)施加地震波振动,要与数据采集系统同步进行。一般采集系统要稍早一些开动,以避免记录丢失。

（4）一次地震波试验过程结束后，从采集系统中回放记录进行观察。

（5）观察模型的破坏状态并描述出来，此时为避免安全事故发生，必须将地震模拟振动台系统中的液压源停止工作。

（6）设定下步试验。

（7）如要进行大加速度破坏试验，应防止模型倒塌损伤人员、仪器设备，此时应用大厅中的吊车扶住模型进行保护。

（8）数据处理。组织试验者，如采集系统中有数据分析功能的，可在数据采集系统中进行分析。一般由于连续试验，试验者可以从采集系统中取回数据，在其他计算机上按自己的要求进行处理。

（9）模型拆除。模型试验结束后，由于模型已经损坏，拆除时更应注意安全。一般按下列顺序进行：

① 拆卸各种量测仪器及布线。

② 拆卸配重荷载块。

③ 拆卸模型与台面间的固紧螺栓。

④ 用吊车将模型吊离地震模拟振动台，如模型损坏严重，可能要分部进行吊离。

⑤ 模型如有保留价值，可放置于试验大厅的某个部位，或运出试验大厅至指定地点。如无保留价值，则在大厅中就地拆除。

（10）编制试验大纲。综上所述，在每个试验前，试验者均要按上述试验的组织过程编出试验大纲，与地震模拟振动台操作者协调工作，使整个试验能有条不紊地进行。试验大纲应包括下列几个方面：

① 试验目的。

② 模型概况。

③ 测量的参数和测点布置。

④ 选择测量仪器，要求的数量、量程。

⑤ 选用的地震波、压缩比、能级。

⑥ 是否需要测量动力特性。

⑦ 试验的分级试验顺序。

⑧ 要求的试验日期及试验延续时间。

第5章
试验案例

5.1 预应力混凝土框架结构振动台试验研究

5.1.1 试验目的

国内外学者对预应力混凝土构件及预应力混凝土框架结构的抗震性能已经进行了一定程度的研究,认为预应力混凝土结构可以应用在抗震设防区域。但对预应力混凝土框架结构的抗震能力,特别是多层多跨预应力混凝土框架结构抗震设计方法的研究还不够深入。

由于预应力混凝土框架自身的特点,框架梁跨度很大,截面高度也很高,而抗震规范对框架柱轴压比要求的限值过高,造成框架柱相对于预应力框架梁过为纤细,加之楼板及其配筋对于梁刚度的贡献使得梁端超强,导致地震作用下预应力混凝土框架结构常表现为层间屈服机制。这种机制的耗能能力很差,对结构构件尤其是框架柱的延性要求很高,在强地震作用下结构极易发生倒塌,造成巨大的损失。如何对现有预应力混凝土框架结构进行加强,通过改变它们的耗能机制使其能够抵御大震作用对于人身安全至关重要。

5.1.2 试验原型

本次试验一共设计了两个三层两跨 PCFS,分别为 PCFS1 和 PCFS2,PCFS2 在 PCFS1 基础上进行了边柱加强,框架荷载如图 5.1 所示。框架跨度 18 m,柱距 7.2 m,底层层高 5.2 m,其余层高 4.8 m;框架抗裂等级为二级;抗震设防烈度 7 度,抗震等级三级,场地类别Ⅱ类,近震;楼面板厚 120 mm,活载 8 kN/m²,恒载 5.49 kN/m²(不含梁自重);屋面板厚120 mm,活载 2 kN/m²,恒载 4.82 kN/m²(不含梁自重);女儿墙高 1.2 m,墙面荷载 2.9 kN/m²,楼层外围护墙面荷载 3.76 kN/m²;楼面梁尺寸为 450 mm×1 400 mm,屋面梁尺寸为 400 mm×1 200 mm,楼面联系梁为 300 mm×800 mm,屋面联系梁为 250 mm× 600 mm;混凝土强度等级 C40,预应力筋采用 1860 级钢绞线,非预应力纵筋为 HRB335,箍筋为 HRB235。

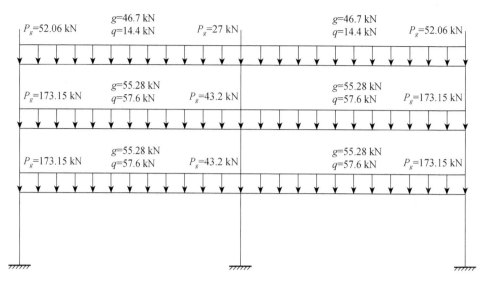

图 5.1 试验原型图

5.1.3 模型相似比设计

由于振动台面尺寸的限制,缩尺比例采用 1:7.2,模型跨度为 2.5 m,总长度为 5 m,底层层高 725 mm,二、三层层高 665 mm。为了考虑结构的空间效应,横向浇筑两榀 PCFS。

为了使缩尺模型能够较好地再现原型结构的动力特性,模型与原型结构的竖向压应变相似常数 S_ε 应该等于 1,即竖向压应力相似常数 S_σ 应该等于弹性模量相似常数 S_E。

原型重力荷载代表值为 $G_0 = D_0$(恒载)$+0.5 L_0$(活载),根据力的相似比 S_F,模型重力荷载代表值 $G_m = S_F G_0$,模型自重已知,从而求得需要加的配重质量。原型结构单榀框架的总质量(恒载 + 0.5 活载)$m_0 = 840$ t,则单榀模型质量 $m_m = 840 \times 0.009\,645 = 8.1$ t,单榀模型自重 1.5 t,所以整个模型应加配种 $2 \times (8.1 - 1.5) = 13.2$ t,按照原型结构屋面和荷载比例,模型屋面应加配重 3.2 t,楼面应加配重 5 t。模型总重 $4.4 + 6.6 \times 2 = 17.6$ t,未超过振动台承重能力。模型相似比系数见表 5.1 所示:

表 5.1 模型相似比

类型	物理量	理论相似系数	模型相似系数	备注
几何特征	长度 l	S_l	$1/7.2 = 0.138\,9$	
	线位移 x	$S_x = S_v / S_k = S_l$	$0.138\,9$	
	角位移 θ	$S_\theta = S_x / S_l$	1	
	面积 A	$S_A = S_l^2$	$0.019\,3$	

续表 5.1

类型	物理量	理论相似系数	模型相似系数	备注
材料特征	弹性模量 E	S_E	0.5	
	竖向压应力 σ	S_σ	0.5	
	竖向压应变 ε	$S_\varepsilon = S_\sigma / S_E$	1	
	泊松比 ν	S_ν	1	
	剪切模量 G	S_G	0.5	
	剪应变 γ	S_γ	1	
	剪应力 τ	$S_\tau = S_G S_\gamma$	0.5	
	质量密度 ρ	$S_\rho = S_m / S_l^3$	3.6	
荷载	剪力 V	$S_V = S_\tau S_l^2 = S_E S_l^2$	0.009 645	
	弯矩 M	$S_M = S_V S_l = S_E S_l^3$	0.001 34	
	地震作用 F	$S_F = S_V = S_E S_l^2$	0.009 645	
	线荷载 ω	$S_\omega = S_E S_l$	0.069 4	
	面荷载 q	$S_q = S_E$	0.5	
动力性能	质量 m	$S_m = S_\sigma S_l^2$	0.009 645(0.007 9)	
	刚度 k	$S_k = S_E S_l$	0.069 4	
	阻尼系数 δ	$S_\delta = S_m / S_l = (S_E S_\sigma)^{0.5} S_l^{1.5}$	0.025 9(0.023 4)	
	时间 t	$S_t = S_T = (S_m / S_k)^{0.5}$	0.372 7(0.337 5)	
	频率 f	$S_f = 1/ S_T = [S_E / (S_l S_\sigma)]^{0.5}$	2.683 3(2.963 2)	
	输入加速度 $\ddot{x}_g$	$S_{\ddot{x}_g} = S_E / S_\sigma$	1(1.219 5)	
	反应速度 $\dot{x}$	$S_{\dot{x}} = S_x / S_t = (S_E S_l / S_\sigma)^{0.5}$	0.372 7(0.411 6)	
	反应加速度 $\ddot{x}$	$S_{\ddot{x}} = S_F / S_m = (S_E / S_\sigma)^{0.5}$	1(1.219 5)	

注:括号中的数值为最终修正后的相似比。

5.1.4 试验工况

试验工况见表 5.2 所示:

表 5.2 试验工况

加载顺序		输入波形	加速度峰值(g)	实际输出加速度(g)	备注
工况 1	1	白噪声	0.020	—	自振特性
	2	El Centro 波	0.043	0.020 1	7 度多遇
	3	Taft 波	0.043	0.022 0	7 度多遇
	4	Chi-Chi 波	0.043	0.040 8	7 度多遇

续表 5.2

加载顺序		输入波形	加速度峰值(g)	实际输出 加速度(g)	备注
工况 2	5	白噪声	0.020	—	自振特性
	6	El Centro 波	0.085	0.060 8	8 度多遇
	7	Taft 波	0.085	0.060 0	8 度多遇
	8	Chi-Chi 波	0.085	0.077 7	8 度多遇
工况 3	9	白噪声	0.020	—	自振特性
	10	El Centro 波	0.122	0.089 5	7 度基本
	11	Taft 波	0.122	0.087 2	7 度基本
	12	Chi-Chi 波	0.122	0.114 1	7 度基本
工况 4	13	白噪声	0.020	—	自振特性
	14	El Centro 波	0.183	0.133 8	7.5 度多遇
	15	Taft 波	0.183	0.141 7	7.5 度多遇
	16	Chi-Chi 波	0.183	0.103 6	7.5 度多遇
工况 5	17	白噪声	0.020	—	自振特性
	18	El Centro 波	0.268	0.201 2	7 度罕遇
	19	Taft 波	0.268	0.204 8	7 度罕遇
	20	Chi-Chi 波	0.268	0.251 6	7 度罕遇
工况 6	21	白噪声	0.020	—	自振特性
	22	El Centro 波	0.378	0.293 7	7.5 度罕遇
	23	Taft 波	0.378	0.274 4	7.5 度罕遇
	24	Chi-Chi 波	0.378	0.359 4	7.5 度罕遇
工况 7	25	白噪声	0.020	—	自振特性
	26	El Centro 波	0.488	0.363 6	8 度罕遇
	27	Taft 波	0.488	0.360 4	8 度罕遇
	28	Chi-Chi 波	0.488	0.334 7	8 度罕遇
工况 8	29	白噪声	0.020	—	自振特性
	30	El Centro 波	0.622	0.431 5	8.5 度罕遇
	31	Taft 波	0.622	0.425 4	8.5 度罕遇
	32	Chi-Chi 波	0.622	0.414 7	8.5 度罕遇

续表 5.2

加载顺序		输入波形	加速度峰值(g)	实际输出加速度(g)	备注
工况 9	33	白噪声	0.020	—	自振特性
	34	El Centro 波	0.268	0.187 0	7 度罕遇
	35	Taft 波	0.268	0.207 4	7 度罕遇
	36	Chi-Chi 波	0.020	—	7 度罕遇

5.1.5　测点布置与测量设备

本次试验主要测量 PCFS 各层的加速度、位移以及重要位置的钢筋应变。模型每层布置 Lance ICP 型加速度传感器两个,ASM 拉线式位移传感器 1 个,基础梁布置 LanceICP 型加速度传感器和 ASM 拉线式位移传感器各一个,具体测点布置和采集设备如图 5.2 所示。其中,基础梁的传感器用于校核振动台的地震动输入,确定模型受到的实际激励;同一层的加速度传感器用于检测模型在振动过程中的扭转效应;位移传感器采集数据用于校核加速度二次积分的结果。

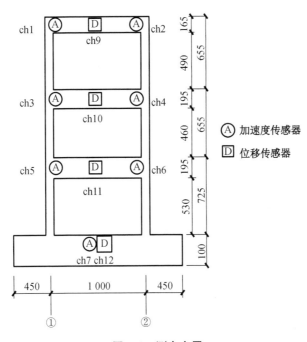

图 5.2　测点布置

5.2　错层板柱结构体系的抗震性能试验研究

5.2.1　试验目的

板柱结构是由平板和柱通过节点连接而成的一种结构形式,板面荷载直接传给结构柱。

由于采用无梁楼盖结构,可有效降低层高,充分利用建筑空间,平面分割灵活,用途变更方便,且采光、通风、管线铺设等较为容易,具有良好的综合经济效益。

由于错层板柱结构体系由错层柱和被分割成数块的楼板组成,局部的传力情况、相互之间的约束方式、结构整体的抗震能力等机理问题需要深入研究。由于构造复杂,结构受力情况分布较为复杂,结构的抗震性能研究处于起始阶段,无法通过现有计算模型得到解决。因此,有必要进行错层板柱体系的振动台试验,真实全面地测试结构在地震波作用下的内力分布和破坏情况,进行抗震性能评价。

5.2.2 结构原型

本试验以典型的错层板柱结构为原型(图5.3),设计1/7缩尺的微粒混凝土整体模型。最终确定原型结构尺寸如下:取24 m×24 m的三层错层框架结构,一层层高4.2 m,其余楼层层高均为2.8 m,总高度为9.8 m。X方向为4跨,Y方向为3跨,错层位置位于X向的第2、3跨之间。柱尺寸为500 mm×500 mm,边梁尺寸为250 mm×600 mm,楼板厚度为240 mm,板柱节点设1.0 m×1.0 m的柱帽。结构抗震设防烈度为7度;丙类建筑;设计地震分组为第一组,设计基本地震加速度为0.19g;基本风压为0.4 kN/m²;设计活荷载为2.5 kN/m²;混凝土强度等级为C30,箍筋为HPB235,受力主筋为HRB335。

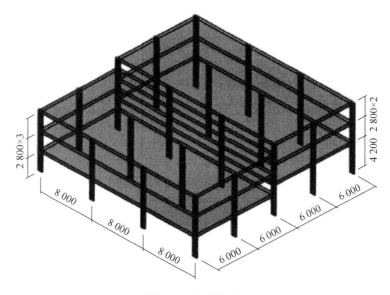

图5.3 试验原型图

5.2.3 模型相似系数

试验模型设计根据强度模型相似理论,按照相似理论,需提前预订其中三个相似常数从而确定其他相似常数。弹性模量相似常数作为预订相似常数。根据试验室振动台设备尺寸,模型的几何相似比为1/7,重力相似常数$S_g = 1$,试验采用微粒混凝土模拟原型混凝土,其弹性模量相似系数$S_E = 1/4$。在确定了以上三个相似常数之后,其他的相似常数取值见表5.3所示。

表 5.3　模型相似比系数

类　型	物理量	量　纲	理想模型	数　值
几何特征	长度 l	L	S_l	1/7
	线位移 x	L	S_l	1/7
	角位移 θ	1	1	1
材料特征	弹性模量 E	$ML^{-1}T^{-2}$	S_E	1/4
	竖向压应力 σ	$ML^{-1}T^{-2}$	S_σ	0.5
	竖向压应变 ε	1	1	1
	泊松比 ν	1	1	1
	质量 m	M	$S_E S_l^2$	1/196
	质量密度 ρ	ML^{-3}	S_E/S_l	7/4
	弯矩 M	ML^2T^{-2}	$S_E S_l^3$	1/1 372
	集中荷载 p	MLT^{-2}	$S_E S_l^2$	1/196
	线荷载 ω	MT^{-2}	$S_E S_l$	1/28
	面荷载 q	MT^{-2}	$S_E S_l$	1/28
	能量 N	ML^2T^{-2}	$S_E S_l^3$	1/1 372
	加速度 a	LT^{-2}	1	1
	重力加速度 g	LT^{-2}	1	1
	阻尼系数 δ	$FL^{-1}T$	$S_E S_l^{3/2}$	$\sqrt{7}/196$
	速度 υ	LT^{-1}	$S_l^{0.5}$	$1/\sqrt{7}$
	时间 t	T	$S_l^{0.5}$	$1/\sqrt{7}$
	频率 f	T^{-1}	$S_l^{-0.5}$	$\sqrt{7}$

5.2.4　试验工况

确定地震波加速度时程曲线之后,开始振动台试验,试验进程为。

(1) 采用白噪声对模型进行扫频,测出结构的频谱特性。

(2) 依次按照工况输入 El Centro、Taft 和 SHW4 地震波。

(3) 重新进行白噪声扫频,对比结构试验前后的动力特性,检测模型损伤程度。

(4) 继续输入下一个工况的 El Centro、Taft 和 SHW4 地震波。

(5) 如此反复,直至结构破坏倒塌。

表 5.4　试验工况

工况名称	设防烈度	地震波	目标加速度（g）	放大系数
1	7度多遇	白噪声	0.020	1
		El Centro 波	0.035	0.102 4
		Taft 波	0.035	0.199 0
		SHW4 波	0.035	1.002 0
2	6度基本	白噪声	0.02	1
		El Centro 波	0.05	0.146 3
		Taft 波	0.05	0.284 3
		SHW4 波	0.05	1.428 6
3	8度多遇	白噪声	0.02	1
		El Centro 波	0.07	0.204 8
		Taft 波	0.07	0.397 9
		SHW4 波	0.07	2.000 0
4	7度基本	白噪声	0.02	1
		El Centro 波	0.10	0.292 6
		Taft 波	0.10	0.568 5
		SHW4 波	0.10	2.857 1
5	9度多遇	白噪声	0.02	1
		El Centro 波	0.14	0.409 7
		Taft 波	0.14	0.795 9
		SHW4 波	0.14	4.000 0
6	7度罕遇	白噪声	0.02	1
		El Centro 波	0.22	0.643 8
		Taft 波	0.22	1.250 0
		SHW4 波	0.22	6.258 7
7	8度罕遇	白噪声	0.02	1
		El Centro 波	0.40	1.170 0
		SHW4 波	0.40	11.428
8	9度罕遇	白噪声	0.02	1
		El Centro 波	0.62	1.814 4
		SHW4 波	0.62	17.714

5.2.5　试验设备与测点布置

一共采用了 11 个加速度传感器,其中有 3 个灵敏度为 980 的高灵敏度加速度传感器,另外 8 个灵敏度为 98 的普通加速度传感器;并采用 7 个位移传感器,根据各楼层可能产生的位移情况,分别选用了量程为 1 000 mm 的位移传感器 2 个,量程为 750 mm 的位移传感器 1 个,量程为 500 mm 的位移传感器 1 个,量程为 350 mm 的位移传感器 2 个以及量程为 250 mm 的位移传感器 1 个。

本试验分别采用振动台配套的数据采集设备和 3817 动态应变仪对试验数据进行采集,其中 3817 动态应变仪共使用四台,可实现对 32 个测点的测量。

位移传感器:本试验一共布置了 7 个位移传感器,分别布置在错层板柱结构的每一个楼层上,编号为 D1、D2、D3、…、D7。

加速度传感器:分别在结构每一楼层和模型上部两端布置加速度传感器,共 11 个加速度传感器,编号为 A1、A2、A3、…、A11。

应变片布置:本试验应变片包括用于镀锌铁丝应变测量的小规格应变片和用于混凝土应变测量的大规格应变片。据本试验的目的,并综合考虑测量仪器的测点数目等因素,共设置了 34 个镀锌铁丝应变片(SG)测点以及 30 个微粒混凝土(SH)表面的测点。

具体布置情况如图 5.4 所示:

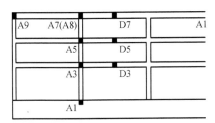

5 轴立面图

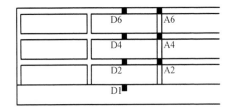

1 轴立面图

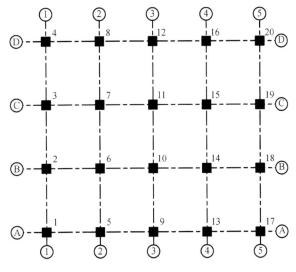

图 5.4　测点布置图

5.3 空斗墙振动台试验研究

5.3.1 试验目的

空斗墙砌体结构因其较好的抗压承载能力且能大量节约砌块和砌筑砂浆的用量,在我国南方农村特别是农民自建房屋中,被广泛使用。然而,许多地区的震后调查发现,空斗墙砌体结构的抗震性能较差,震后破坏程度相对较高。现行砌体结构设计规范中已不将空斗墙砌体结构列入其中。但在广大农村的现有房屋中,空斗墙房屋仍然有相当高的比例。对于这些大量的农村房屋,显然在短期内无法实现全部拆除和重建,有些历史性建筑还需要进行加固和改造。因此,如何对这些现有的空斗墙房屋进行抗震性能的评估,是现阶段空斗墙砌体房屋处理中的一个关键。由于空斗墙一般都是民间自建,其结构形式、砌筑方式以及砌块规格也都差异很大。国内对于空斗墙受剪承载能力的研究已有很多,但所得结论差异较大。本文将对参考的试验数据进行综合,结合振动台试验结果,提出空斗墙受剪承载力公式。根据现场调研数据,对农村现有空斗墙砌体的抗震性能进行分析和评估。

5.3.2 试验模型

根据在南通启东农村的调查结果,试验的原型选用开间 4.2 m、进深 6.6 m、层高 2.7 m 的两层两开间房屋,试验模型按原型的 1/2 比例缩尺,其底层平面布置如图 5.5.1 所示。模型在受振动方向的纵墙上开设了相应的门窗洞口,其立面布置如图 5.5.2 所示。

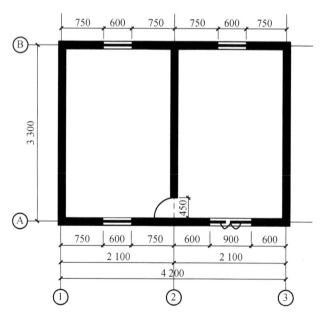

图 5.5.1 试验模型图(一)

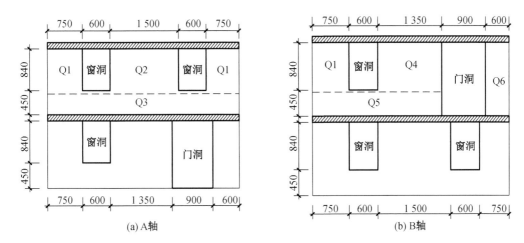

图 5.5.2　试验模型图(二)

5.3.3　模型相似比设计

由于模型材料与原型材料相同,而尺寸相似比 S_l 为 1/2,根据相似理论,模型的质量密度相似比 S_ρ 为 2,时间相似比 S_t 为 0.707,加速度相似比 S_a 为 1。为满足模型的质量密度相似要求,模型在考虑自重 1.8 t、单层圈梁及楼盖自重 2.76 t 的基础上,在每层楼盖上放置铁块进行配重,其中 2 层楼面配重 6.5 t,屋面配重 4.2 t。

5.3.4　试验加载工况

原型结构所在地南通启东的抗震设防烈度为 6 度(0.05g),设计地震分组为第二组,场地类别为Ⅲ类,特征周期 T_g 为 0.45 s。试验中分别选取 El Centro 波(东西向)、Taft 波(东西向)和人工波共 3 条地震波,分别进行时间坐标压缩和峰值调整,分级输入振动台面进行加载,各级加载工况见表 5.5 所示:

表 5.5　试验加载工况

加载工况		波形	设计加速度峰值(cm/s²)	实际反馈加速度峰值(cm/s²)
第一级	1-1	El Centro 波	18	20
	1-2	Taft 波	18	9
	1-2	人工波	18	13
第二级	2-1	El Centro 波	50	66
	2-2	Taft 波	50	49
	2-3	人工波	50	38
第三级	3-1	El Centro 波	70	89
	3-2	Taft 波	70	66
	3-3	人工波	70	59

续表 5.5

加载工况		波形	设计加速度峰值(cm/s²)	实际反馈加速度峰值(cm/s²)
第四级	4-1	El Centro 波	100	100
	4-2	Taft 波	100	82
	4-3	人工波	100	68
第五级	5-1	El Centro 波	150	144
	5-2	Taft 波	150	109
	5-3	人工波	150	125
第六级	6-1	El Centro 波	200	179

5.4 粗料石砌体房屋振动台试验研究

5.4.1 试验目的

石砌体房屋造价低廉,外观美观,经久耐用,在国内外都保留有各式各样的石结构建筑,尤其是我国东南沿海地区的新建村镇建筑,大多仍是石砌体房屋。但是该地区的石砌体房屋砌筑质量较差,没有按规范设计、施工,导致房屋的抗震性能较差。本课题研究的目的就是在石砌体房屋振动台试验研究的基础上,研究石砌体房屋的抗震性能,提出一些新的构造措施来改善石结构的抗震性能并验证其可行性。为东南地区石砌体房屋的设计和施工提供可靠的依据,提高村镇石结构建筑的抗震能力,改善村镇建筑的安全现状。本文的研究成果亦可为其他地区石砌体房屋的设计与施工提供参考。

5.4.2 试验模型

为了能够给实际村镇石砌体房屋的设计和施工提供指导,本次试验模型以东南地区石结构房屋为原型,综合考虑实际调研和振动台参数,确定模型为两层粗料石砌体房屋,采用有垫片铺浆砌筑方式,无圈梁构造柱。根据调研报告中实际结构的尺寸确定试验原型的平面尺寸为 4.0 m×5.0 m,层高 3 m,采用粗料石砌块和水泥砂浆砌筑,墙体厚度 250 mm,窗洞尺寸 0.9 m×1.2 m,门洞尺寸 0.9 m×2.1 m。考虑到振动台限重为 25 t,若采用足尺模型质量将超过振动台限值,故采用缩尺模型,缩尺比例为 1:2。缩尺后的模型尺寸为 2 m×2.5 m,层高 1.5 m,墙体厚度 125 mm,窗洞尺寸 0.45 m×0.6 m,门洞尺寸 0.45 m×1.05 m。

将模型的墙体分为 S 向墙体、N 向墙体、W 向墙体、E 向墙体,模型平面图见图 5.6 所示,各墙体立面图见图 5.7 所示:

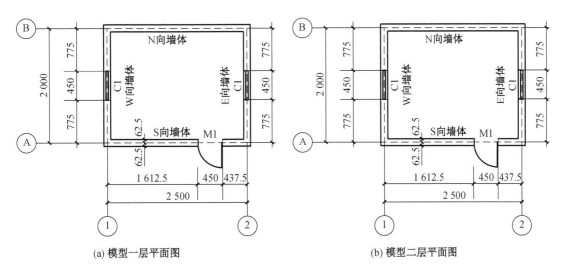

(a) 模型一层平面图　　　　　　　(b) 模型二层平面图

图 5.6　模型平面图

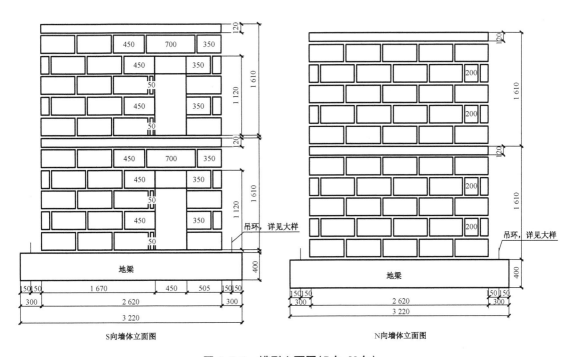

S向墙体立面图　　　　　　　　　N向墙体立面图

图 5.7.1　模型立面图(S 向、N 向)

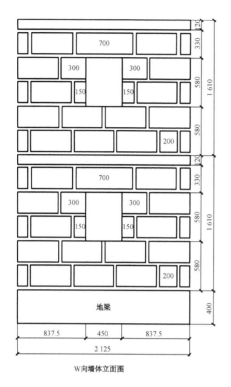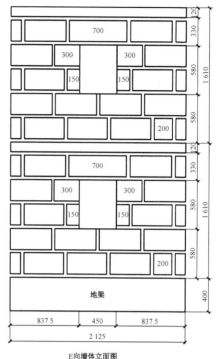

图 5.7.2　模型立面图(W 向,E 向)

模型不采用圈梁和构造柱,但是为了改善纯石结构房屋的抗震性能,本模型拟采用一种较简单经济的构造措施代替构造柱,具体做法是:在纵横墙墙角交接处的石块上钻孔插钢筋,然后填充灌注胶,使钢筋和石块较好地粘结。钻孔插筋如图 5.8 所示,纵横墙墙角处石块交叉叠砌,在叠合部位中心处钻 20 mm 孔洞,然后在孔内插入一根 A8 钢筋,插入钢筋后将灌注胶从每层顶部灌入。该构造措施旨在加强纵横墙的连接,增强结构的整体性。

5.4.3　模型相似比设计

通过计算得出原型质量为 82 000 kg,模型实际质量为 12 000 kg,根据质量相似系数得模型质量应为 21 000 kg,在满配重的情况下,需要附加人工质量为:21 000－12 000＝

图 5.8　墙角部位钻孔插筋示意图

9 000 kg,则试验模型(包括地梁)总重为 21 000+4 200＝25 200 kg,超过振动台承载限值,故采用欠人工质量模型。考虑到石砌体结构在地震作用下主要受水平剪力,故在竖向应力相似常数不等于 1 的条件下首先满足剪应力相似常数等于 1。综合取附加质量 4 500 kg,使模型的重力效应达到应有重力效应的 80%,该欠人工质量模型的设计是合理可行的。附加质量在两楼层的分配按原型结构的等效质量比例分配,第一层附加质量为 3 000 kg,即放置 150 个质量块;第二层附加质量为 1 500 kg,即放置 75 个质量块。模型相似比系数见表 5.6 所示:

表 5.6 模型相似比系数

类型	物理量	理论相似系数	模型相似系数
几何特征	长度 l	S_l	1/2
	线位移 x	$S_x = S_{ag}/S_f^2 = S_\sigma S_l S_{ag}/S_E$	1/2
	角位移 θ	$S_\theta = S_x/S_l = S_\sigma S_l/S_E$	1
	面积 A	$S_A = S_l^2$	1/4
材料特征	弹性模量 E	S_E	1
	竖向压应力 σ	$S_\sigma = S_m/S_l^2$	0.8
	竖向压应变 ε	$S_\varepsilon = S_\sigma/S_E$	0.8
	泊松比 ν	S_ν	1
	剪应变 γ	S_γ	1
	剪应力 τ	$S_\tau = S_V/S_l^2 = S_\sigma S_{ag}$	1
	剪切模量 G	$S_G = S_E$	0.5
荷载 动力性能	剪力 V	$S_V = S_F = S_m S_{ag} = S_\sigma S_{ag} S_l^2$	1/4
	弯矩 M	$S_M = S_V S_l = S_\sigma S_{ag} S_l^3$	1/8
	质量 m	S_m	0.2
	刚度 k	$S_k = S_E S_l$	1/2
	阻尼系数 δ	$S_\delta = S_m/S_l = (S_E S_\sigma)^{0.5} S_l^{1.5}$	0.316
	时间 t	$S_t = S_T = (S_m/S_k)^{0.5}$	0.632
	频率 f	$S_f = 1/S_T = [S_E/(S_l S_\sigma)]^{0.5}$	1.582 3
	速度 v	S_v	1
	地震加速度	S_{ag}	1.25

5.4.4 试验加载工况

本次试验的具体工况和步骤见表 5.7 所示,考虑加速度的调整和时间的压缩,每级工况加速度按相似常数扩大 1.25 倍,时间按相似常数压缩至 20 s。

表 5.7 试验加载工况

序号	工况	输入波形	加速度设计值(cm/s²)	测试内容
0	1	白噪声	35	频率、阻尼比
1	2	El Centro 波	35×1.25=43.75	加速度、位移、应变
	3	Taft 波		
	4	人工波	35	频率、阻尼比
	5	白噪声		

续表 5.7

序号	工况	输入波形	加速度设计值（cm/s²）	测试内容
		观测裂缝、记录数据		
2	6	El Centro 波	100×1.25=125	加速度、位移、应变
	7	Taft 波		
	8	人工波	35	频率、阻尼比
	9	白噪声		
		观测裂缝、记录数据		
3	10	El Centro 波	300×1.25=375	加速度、位移、应变
	11	Taft 波		
	12	人工波	35	频率、阻尼比
	13	白噪声		
		观测裂缝、记录数据		
4	14	El Centro 波	300×1.25=375	加速度、位移、应变
	15	Taft 波		
	16	人工波	35	频率、阻尼比
	17	白噪声		
		观测裂缝、记录数据		

重复 14~17 工况，每增加一个序号加速度最大值增加 50×1.25=62.5 cm/s²，并观察裂缝和记录数据，直至模型严重破坏

5.4.5 试验设备与测点布置

加速度计使用压电式传感器，共计 4 个；位移计采用拉线式传感器，其中量程 1 000 mm 的 1 个，量程 750 mm 的 4 个，共计 5 个。加速度和位移数据采集系统使用南京某软件公司开发的 CRAS 实时动态采集系统，应变数据采用江苏靖江某公司生产的 DH3827 动态应变仪。

综合考虑本次试验目的及试验条件，传感器和应变片布置如下：为了观察地震作用下模型的平动和转动以及模型各层位移，在模型 W 向墙体上布置 5 个位移传感器，分布情况是：一层底部布置一个，一层顶部和二层顶部各布置两个（左右各一个），见图 5.9 所示。为了观察地震作用下模型各层加速度，在模型 W 向墙体上从基础梁到顶部共布置四个加速度传感器，分布

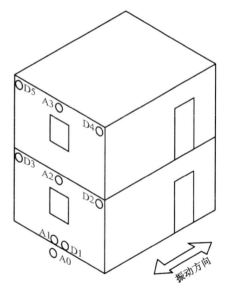

图 5.9 加速度与位移传感器布置图

情况是:基础梁、一层底部、一层顶部、二层顶部各布置一个。为了研究纵横墙角部钢筋在地震作用下的受力状态,在角部钢筋上贴应变片。四根钢筋上部各贴一个应变片,应变片位于模型二层楼盖下 220 mm 处。编号及其对应的部位为:A 轴与 1 轴角部编号为 Z1,A 轴与 2 轴角部编号为 Z2,B 轴与 1 轴角部编号为 Z3,B 轴与 2 轴角部编号为 Z4。

5.5 腹板摩擦式自定心混凝土框架振动台试验

为进一步分析腹板摩擦自定心预应力框架的消能抗震性能,在前期课题组节点试验、框架的低周反复试验的基础上,进行了自定心框架(梁、柱均有预应力筋,SCPC)的振动台试验,为了与之形成对比,另外又进行了同缩尺比的仅梁加预应力筋的自定心框架(SCRB)。

5.5.1 试验模型

原型结构是依据《混凝土结构设计规范》及《建筑抗震设计规范》设计的两层 2×1 的现浇空间框架。X 向(两跨方向)及 Y 向(单跨方向)跨度均为 4.2 m,层高 3.6 m;柱截面为 300 mm×300 mm,X 向梁截面为 200 mm×400 mm,Y 向梁截面为 300 mm×400 mm,板厚 120 mm;该结构抗震设防烈度为 8 度(0.2g),设防地震分组为第一组,场地类别为二类;结构顶层和标准层恒载标准值均为 3.5 kN/m²,活载标准值为 2.0 kN/m²,忽略梁间分隔墙的自重;混凝土选用 C30 混凝土,纵筋选用 HRB400,箍筋选用 HPB300。图 5.10 给出了 SCPC 框架结构的平、立面图。

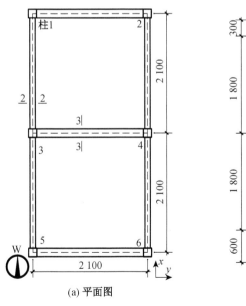
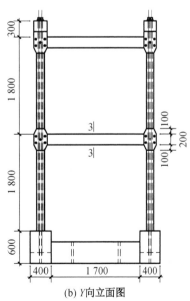

(a) 平面图 (b) Y 向立面图

图 5.10.1 SCPC 框架平、立面图(一)

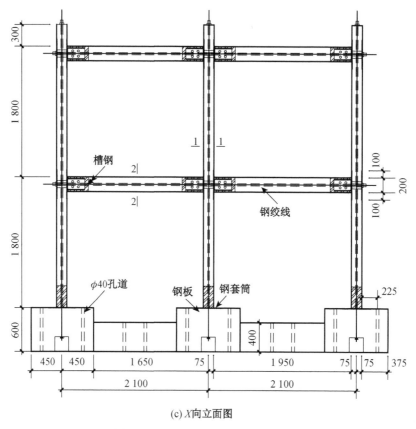

(c) X向立面图

图 5.10.2　SCPC 框架平、立面图(二)

　　SCRB 框架与 SCPC 框架唯一的不同就在于柱-基是否固结,SCRB 框架是采用柱-基整体现浇而成,因此柱内没有预埋预应力孔道。图 5.11 和图 5.12 分别是 SCPC、SCRB 框架完成图及节点详图。

图 5.11　SCPC 框架安装完成图

图 5.12　SCRB 框架安装完成图

5.5.2 模型相似比确定

振动台基本参数决定了模型的缩尺比、加速度等相似参数。东南大学九龙湖校区土木工程试验室模拟地震振动台的主要性能参数如表 5.8 所示。

表 5.8 东南大学模拟地震振动台主要性能参数

性 能	参 数	性 能	参 数
台面尺寸	4.0 m×6.0 m	最大位移	X 向：±250 mm
频率范围	0.1～50 Hz	最大速度	X 向：600 mm/s
最大模型质量	30 t	最大加速度	X 向：3.0g(空载)，1.5g(负载 25 t)

根据表 5.8 所示的振动台主要性能参数，初步选取模型的缩尺比例为 $S_l = 1/2$，制作模型所采用的材料与原型材料一致，由此模型与原型结构各个物理量之间的相似关系可以根据量纲分析法求得。表 5.9 列出了各个物理量的相似关系。

表 5.9 物理量的相似关系及缩尺系数

参数		量纲	关系式	缩尺系数
几何尺寸	长度 l	L	S_l	0.500
	面积 A	L^2	$S_A = S_l^2$	0.250
	体积 V	L^3	$S_A = S_l^3$	0.125
载荷	集中力 F	MLT^{-2}	$S_F = S_l^2 S_E$	0.250
材料特性	应力 σ	ML^{-1}T^{-2}	$S_\sigma = S_E$	1.000
	应变 ε	—	S_ε	1.000
	弹性模量 E	ML^{-1}T^{-2}	S_E	1.000
	泊松比 ν	—	S_ν	1.000
	密度 ρ	ML^{-3}	$S_\rho = S_\sigma / S_l$	2.000
动力特性	质量 m	M	$S_m = S_l^3 S_\rho$	0.250
	速度 v	LT^{-1}	$S_v = \sqrt{S_l}$	0.707
	加速度 a	LT^{-2}	S_a	1.000
	频率 ω	T^{-1}	$S_\omega = S_l^{-0.5}$	1.414
	时间 t	T	$S_t = S_l^{0.5}$	0.707
	阻尼比 δ	MT^{-1}	$S_\delta = S_m / S_v$	0.354

5.5.3 附加质量设计

为了正确模拟结构动态响应，需要满足相应的质量相似准则。使用与原模型相同的地震强度与材料属性，必须应用附加质量来补偿所需材料密度与模型提供材料密度的差值。

对于模型采用的相同加速度、相同材料以及相应的几何尺寸的缩尺比,则所需材料密度的缩尺系数 $\lambda_\rho^{\mathrm{req}}$ 为:

$$\lambda_\rho^{\mathrm{req}} = \frac{1}{\lambda_l} \tag{5-1}$$

式中:λ_l —— 几何长度缩尺系数。

因为使用相同材料制作模型构件,因此模型的材料密度与原型一致,即为:

$$\lambda_\rho^{\mathrm{prov}} = 1 \tag{5-2}$$

模型所提供质量:

模型一层计算质量:$M_{m1} = V \cdot \rho = 2\ 583.75\ \mathrm{kg}$

模型二层计算质量:$M_{m2} = V \cdot \rho = 2\ 280\ \mathrm{kg}$

(其中:V 为相应楼层体积;ρ 为钢筋混凝土密度)

原型结构每层重力荷载代表值为:

$$W_p = (3.5 \times 1.0 + 2.0 \times 0.5) \times 4.2 \times 8.4 = 158.76\ \mathrm{kN}$$

根据公式:$W_m^{\mathrm{req}} = W_p \cdot \lambda_l^2$

则每层本应该具有的重力荷载代表值为:

$$W_{m1}^{\mathrm{req}} = W_{m2}^{\mathrm{req}} = 39.69\ \mathrm{kN}$$

因此,模型每层所需配重质量为:

一层:

$$M_{m1}^{\mathrm{req}} = \frac{W_{m1}^{\mathrm{req}}}{9.8} - M_{m1} = 1\ 466.25\ \mathrm{kg}$$

二层:

$$M_{m2}^{\mathrm{req}} = \frac{W_{m2}^{\mathrm{req}}}{9.8} - M_{m2} = 1\ 770\ \mathrm{kg}$$

5.5.4 试验加载方案

(1) 地震波选取

地震波的随机性较大,通常可以用加速度峰值(PGA)、频谱特性以及持时三个属性来表述。由于地震波离散型较大,输入不同地震波,结构的地震响应也千差万别。对于普通结构设计,只要选取的地震波满足《建筑抗震设计规范》(GB 50011—2010)相关规定即可。规范规定:①地震动的选取应按建筑场地类别和设计地震分组选用实际强震记录和人工模拟的加速度时程曲线,其中强震记录数量不少于总数的 2/3,多组时程曲线的平均地震影响系数曲线应与振型分解反应谱法所采用的地震影响系数曲线在统计意义上相符。②弹性时程分析时,每条时程曲线计算所得结构底部剪力不应小于振型分解反应谱法计算结果的 65%,多条时程曲线计算所得结构基底剪力的平均值不应小于振型分解反应谱法计算结构的 80%。

但对于振动台试验地震动的选取,又要满足振动台相关设备限制的要求,比如台面最大输入地震动的峰值速度(PGV)不大于 600 mm/s,地震动的峰值积分位移(PGD)不大于 250 mm 等。本试验结构类型又对地震动的选取增加了相应的要求。由于自定心框架结构是与现浇框架结构等强设计得到,在梁-柱、柱-基节点未张开之前,自定心框架结构类似于现浇框架结构,这样也就不能充分发挥自定心结构的效果。

根据要求挑选出来的地震动信息列于表 5.10:

表 5.10 地震波选用信息

地震名	站台名	震级	震中距(km)	PGA(g)	持时(s)
Kern	Santa Barbara Courthouse	7.4	88.39	0.09	77.44
Kobe	Takarazuka	6.9	38.61	0.61	40.95
Artificial	—	—	—	0.21	20.00

三条地震波的频谱特性如图 5.13 所示:

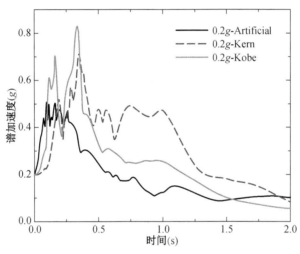

图 5.13 地震波频谱特性

(2) 试验方案

SCPC 框架分两个阶段加载:第一阶段,框架在地震波 PGA 依次递增作用下的结构响应;第二阶段,框架在变参数下的地震响应。试验加载方案如表 5.11 所示:

表 5.11 SCPC 框架试验方案

试验次序	地震波	PGA(g)	试验次序	地震波	PGA(g)
1	WN	0.025	7	Kobe	0.150
2	Artificial	0.070	8	Kern	0.150
3	Kobe	0.070	9	WN	0.025
4	Kern	0.070	10	Artificial	0.200
5	WN	0.025	11	Kobe	0.200
6	Artificial	0.150	12	Kern	0.200

续表 5.11

试验次序	地震波	PGA(g)	试验次序	地震波	PGA(g)
13	WN	0.025	25	Artificial	0.450
14	Artificial	0.300	26	WN	0.025
15	Kobe	0.300	27	Kobe	0.450
16	Kern	0.300	28	WN	0.025
17	WN	0.025	29	Kern	0.450
18	Artificial	0.400	30	WN	0.025
19	WN	0.025	31	Artificial	0.500
20	Kobe	0.400	32	WN	0.025
21	WN	0.025	33	Kobe	0.500
22	Kern	0.400	34	WN	0.025
23	WN	0.025	35	Kern	0.500
24	WN	0.025	36	WN	0.025

试验次序	N_{EC} (kN)	N_{MC} (kN)	N_{B1} (kN)	N_{B2} (kN)	N_{f1} (kN)	N_{f2} (kN)	地震波
37	121.32	137.97	64.86	30.43	21.62	10.14	WN
38	121.32	137.97	64.86	30.43	21.62	10.14	0.45g-Kobe
39	121.32	137.97	64.86	30.43	21.62	10.14	WN
40	121.32	137.97	64.86	30.43	43.24	20.28	WN
41	121.32	137.97	64.86	30.43	43.24	20.28	0.45g-Kobe
42	121.32	137.97	64.86	30.43	43.24	20.28	WN
43	121.32	137.97	48.645	22.52	43.24	20.28	WN
44	121.32	137.97	48.645	22.52	43.24	20.28	0.45g-Kobe
45	121.32	137.97	48.645	22.52	43.24	20.28	WN

注：WN，白噪声；N_{EC}，边柱预应力；N_{MC}，中柱预应力；N_{B1}，一层梁预应力；N_{B2}，二层梁预应力；N_{f1}，一层初始摩擦力；N_{f2}，二层初始摩擦力。

SCRB 框架只考察在地震波 PGA 依次递增作用下的结构响应，结构试验方案如表 5.12 所示：

表 5.12 SCRB 试验方案

试验次序	地震波	PGA(g)	试验次序	地震波	PGA(g)
1	WN	0.025	4	Kern	0.070
2	Artificial	0.070	5	WN	0.025
3	Kobe	0.070	6	Artificial	0.150

续表 5.12

试验次序	地震波	PGA(g)	试验次序	地震波	PGA(g)
7	Kobe	0.150	21	WN	0.025
8	Kern	0.150	22	Artificial	0.500
9	WN	0.025	23	Kobe	0.500
10	Artificial	0.200	24	Kern	0.500
11	Kobe	0.200	25	WN	0.025
12	Kern	0.200	26	Artificial	0.600
13	WN	0.025	27	Kobe	0.600
14	Artificial	0.300	28	Kern	0.600
15	Kobe	0.300	29	WN	0.025
16	Kern	0.300	30	Artificial	0.700
17	WN	0.025	31	Kobe	0.700
18	Artificial	0.400	32	Kern	0.700
19	Kobe	0.400	33	WN	0.025
20	Kern	0.400			

5.5.5 测试系统

布置传感器是试验人员获得试验数据的主要方式。传感器的布置要符合试验需求。本次振动台试验主要的试验目的是自定心混凝土框架结构在各级地震下的抗震性能表现,因此涉及的传感器主要有:加速度传感器、位移传感器、应变片、钢绞线锚索计。试验测试系统的安装主要包括以下内容:

(1) 加速度传感器布置

加速度传感器主要分布在各楼层和基础上,共计 7 个。安装在楼层处的加速度传感器主要用于模态测试以及楼层各质量集中处加速度响应;安装在基础上的加速度传感器是为了检验输出地震波的有效性;安装在 Y 向的加速度传感器是为了测试结构的扭转效应。加速度传感器安装位置如图 5.14 所示,标签及作用见表 5.13 所示:

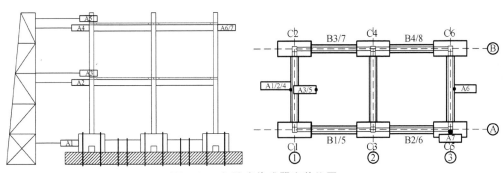

图 5.14 加速度传感器安装位置

表 5.13　加速度传感器标签及作用

标签名	作　用	标签名	作　用
A1	测试基础加速度响应	A5	测试二层楼板系统及配重块加速度响应
A2	测试一层主体框架加速度响应	A6	测试相对侧二层加速度响应(一致性)
A3	测试一层楼板系统及配重块加速度响应	A7	测试 Y 向加速度响应(扭转效应)
A4	测试二层主体框架加速度响应		

(2) 位移传感器

位移传感器主要测试结构的位移响应。在本自定心框架体系分为三种:层间位移、楼板相对滑移、节点截面相对张开位移。D1 设置在基础处,为后续楼层相对位移计算提供相对坐标系;D2、D4 设置在楼层处,测试主体结构相对位移;D3、D5 设置在各层楼板处,测试楼板相对滑移;D6 设置在南北方向,测试结构扭转效应;D7-D12(SCRB 框架没有)、D13-D18 分别设置在柱底和梁端两侧,测试截面相对张开位移。其中 D1-D6 和 D13-D18 为顶杆式位移传感器,D7-D12 为拉线式位移传感器。位移传感器的布置图如图 5.15 所示:

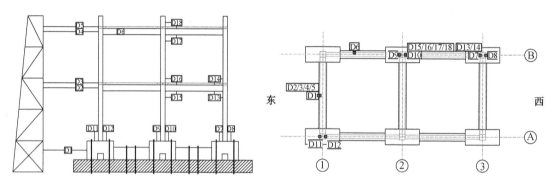

图 5.15　位移传感器布置图

(3) 应变片

应变片的作用主要为了研究构件微观损伤。应变片粘贴位置主要有梁柱钢筋以及梁端钢套筒和柱底钢套筒。

(4) 锚索测力计

在结构的梁柱预应力钢绞线端部增加锚索计以监控初始预应力的施加和损失情况。SCPC 框架梁、柱钢绞线全部添加,共 16 个锚索计;SCRB 框架只有梁端有钢绞线,共 4 个。

5.6　混凝土减隔震梁桥地震响应振动台试验研究

5.6.1　工程背景

该三跨连续梁桥跨径为 3×16 m,上部结构为双幅空心板梁,下部为钢筋混凝土双柱墩。一幅梁总宽 13 m,桥面质量共计 332.8 t,桥墩直径 1.2 m。原型桥示意图见图 5.16 所示:

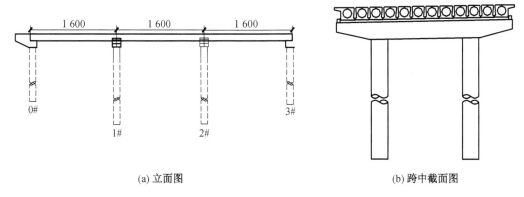

| | (a) 立面图 | | (b) 跨中截面图 |

图 5.16　原型桥示意图

5.6.2　模型相似比设计

由于振动台台面尺寸、载重、材料密度与弹性模量等参数的限制,本章试验模型为一按照几何比例 1∶4 缩尺建造的欠人工质量单跨简支梁桥。各变量的相似性见表 5.14 所示:

表 5.14　缩尺模型各变量及其相似关系

类型	变量	符号	量纲	算式	相似系数
几何尺寸	线尺寸	l	L	—	1/4
	线位移	x	L	$S_x = S_l$	1/4
	角位移	θ	1	—	1
材料特性	弹性模量	E	$ML^{-1}T^{-2}$	—	1
	密度	ρ	ML^{-3}	—	1
	泊松比	μ	1	—	1
	应变	ε	1	—	1
	应力	σ	$ML^{-1}T^{-2}$	—	1
	等效质量密度	ρ_e	ML^{-3}	—	2
荷载	集中荷载	F	MLT^{-2}	$S_F = S_E \cdot S_l^2$	1/16
	弯矩	M	ML^2T^{-2}	$S_M = S_E \cdot S_l^3$	1/64
动力指数	时间	t	T	$S_T = S_l \sqrt{S_{\rho_e}/S_E}$	$1/2\sqrt{2}$
	自振频率	ω	T^{-1}	$S_\omega = S_T^{-1}$	$2\sqrt{2}$
	加速度幅值	a	LT^{-2}	$S_a = S_E/(S_L S_{\rho_e})$	2
	重力加速度	g	LT^{-2}	—	1
	刚度	k	MT^{-2}	$S_k = S_E S_l$	1/4
	结构自重	m	M	$S_m = S_{\rho_e} S_l^3$	1/32

5.6.3 模型设计

缩尺模型按照表5.14所述相似关系由原型转化,考虑到实际试验条件限制以及隔震桥梁的受力特点,缩尺模型在局部做了一定的修改。有关缩尺模型的各细节现一一简述如下:

(1)原桥上部梁体采用空心板梁桥,按照1∶4缩尺后,空心板尺寸较小,板内钢筋间距更小,施工难度较大。同时考虑到混凝土隔震桥梁在地震作用下,上部梁体刚度对桥梁的地震响应影响很小,也很少出现因强度不足的损伤或者破坏,梁体主要体现的是其质量特性。因此,缩尺模型中采用矩形截面(图5.17)替代空心板梁实际截面,截面上顶面配置构造分布纵筋,下底面配置整块30 mm厚钢板替代实际受力钢筋,整块梁体质量按照原桥梁体质量的1/32确定,约10.4 t。

(2)原型桥中所设支座为板式支座,在缩尺模型中,支座未按照原支座缩尺,而是根据研究需要在主梁两端各设置两个支座,支座分别采用三种类型支座。

(3)下部结构采用双柱墩形式,上设盖梁,下部由承台联系。桥墩墩柱直径0.3 m,净高1.2 m,承台尺寸为2.425 m×0.8 m×0.4 m。承台与振动台之间通过螺栓锚固。下部结构整体立面示意图见图5.18所示,桥墩配筋图见图5.19所示,盖梁配筋图见图5.20所示,承台配筋图见图5.21所示。

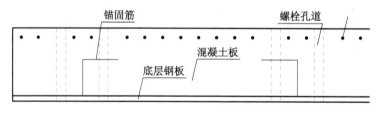

图5.17 板梁示意图

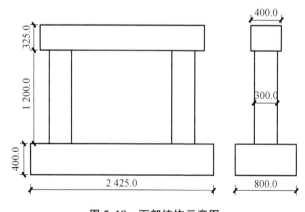

图5.18 下部结构示意图

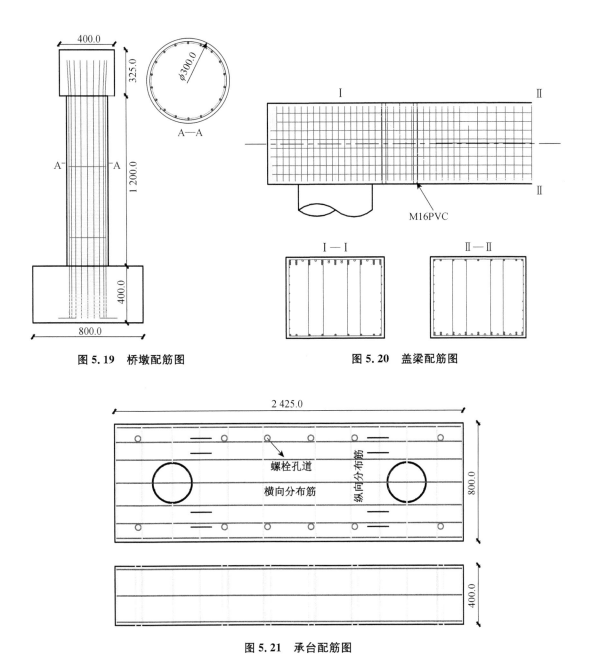

图 5.19　桥墩配筋图

图 5.20　盖梁配筋图

图 5.21　承台配筋图

5.6.4　振动台测试系统

(1) 振动台

本次试验所用振动台为东南大学单向振动台系统,其动态作动器由 MTS 公司提供,台面由国内设计制作,采用电液伺服方式由计算机进行数字化控制,采用模拟与数值补偿技术得到最优地震动输入波形。其主要性能参数如表 5.15 所示。

表 5.15　振动台基本性能参数表

参数	数值	参数	数值
台面尺寸	4.0 m×6.0 m	最大速度	0.6 m/s
台面重	20 t	最大加速度	1.5g(满载)/3.0g(空载)
台面厚	0.4 m	最大载重	30 t
工作频率范围	0.1~50 Hz	最大激振力	±1 000 kN
最大行程	±250 mm		

(2) 信号测试与数据采集系统

根据研究需要,本试验共设置 4 个位移测点与 4 个加速度测点,测点布置见图 5.22 所示。分别测试振动台面、承台底中点处、盖梁侧面中点处以及主梁侧面中点处的位移与加速度响应。设置在振动台面的传感器主要是为了校验地震波实际输出结果,设置在承台的传感器主要是为了获得承台处实际激励输入值并与振动台面传感器结果进行比较。数据采集系统采用江苏泰斯特电子设备制造有限公司提供的 TST3000 动态信号测试分析系统,该仪器分别具有 16 个位移测试通道与 16 个加速度测试通道,具有很好的数据采集与信号去噪能力。

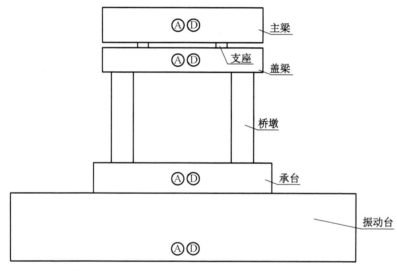

Ⓐ:加速度传感器
Ⓓ:位移传感器

图 5.22　模型试验测点布置图

(3) 模型安装

本缩尺模型共涉及三个部分:下部结构、支座、上部结构。下部结构通过 M30 高强度螺栓与振动台固结,支座放置在盖梁指定位置,每个支座通过 4 根 M12 高强度螺栓与盖梁固结。由于支座预留孔直径仅 8 mm,吊装主梁时要使得主梁与支座在指定位置通过螺栓锚固的难度很大,因此在支座与主梁之间增设过渡板(图 5.23),过渡板共设 8 个螺栓孔,分别用以与支座上连接板、主梁连接。最终吊装主梁与过渡板锚固。模型安装完毕后见图 5.24 所

示,支座连接局部见图 5.25 所示:

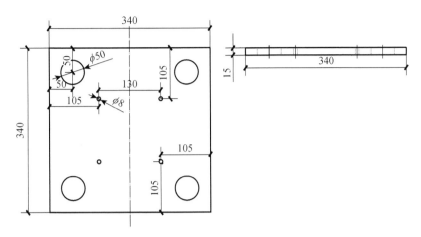

图 5.23　过渡板示意图

图 5.24　模型安装就位图

图 5.25　支座连接局部图

5.6.5　振动台试验方案

(1) 地震记录

根据研究需要,本章从 PEER 系统选取三条二类场地土地震动为基准地震动,其编号分别为 RSN2408E、RSN2593E、RSN3200E。考虑到地震动的随机性,本章采用 SeismoMatch 软件对上述三条波进行基于小波变换的调整,使得三条波的反应谱与文献规定的设计反应谱尽可能一致。以峰值 0.4g 对应的二类场地土加速度设计反应谱为例,三条地震波的加速度时程(未缩尺)见图 5.26 所示。地震波反应谱与设计反应谱对比见图 5.27 所示。下文中这三条修正后的地震波分别简称为 a 波、b 波、c 波。

由上两图可知,经过修正后的地震动记录其峰值一般均不是原纪录的 0.4g,但是其加速度反应谱与设计反应谱符合得很好。

由表 5.14 可知,缩尺模型的时间相似比为 $1/2\sqrt{2}$,加速度相似比为 2,因此在实际输入地震动记录时,需对时间进行压缩,由原记录的 0.005 s 时间间隔压缩为 0.001 768 s,对各

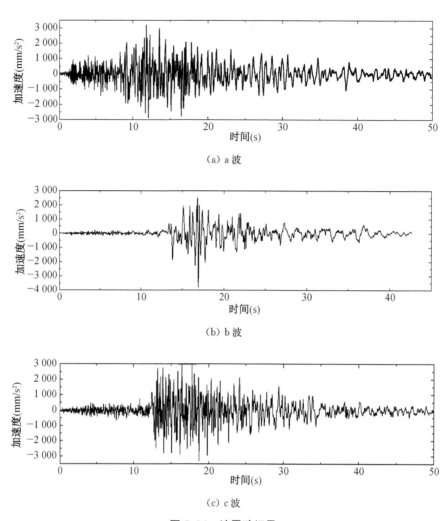

(a) a 波

(b) b 波

(c) c 波

图 5.26　地震动记录

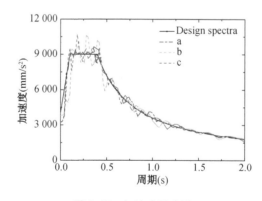

图 5.27　加速度反应谱

波加速度值放大 2 倍。上述 a、b、c 波经过缩尺后的波相应称为Ⅰ、Ⅱ、Ⅲ波。

(2) 试验工况

地震波沿桥纵向加载,加载顺序依次为白噪声、Ⅰ波、Ⅱ波、Ⅲ波。后三者峰值加速度由

0.05g 逐步增加至 0.4g,步长为 0.05g。对于三种不同类型的支座,地震动均按这一次序输入进行研究。同时为了研究地震动参数 PGA/PGV 比值对地震响应的影响,选用 15 条经过 SeismoMatch 修正使得各自加速度反应谱均符合峰值为 0.2g 的二类场地土设计反应谱的地震波,未缩尺波的 PGA/PGV 范围是 4.5～13.5,相应的缩尺波比值范围是 13～40。基于试验安全与试验条件限制的考虑,对这一因素的影响研究仅限于铅芯橡胶支座。上述所有工况除去白噪声共计 $(3×3×8+15)=87$ 组。

5.7　半柔性悬挂减振结构振动台试验研究

5.7.1　试验目的

在对悬挂结构特点和减振性能研究基础上,针对悬挂减振结构在地震作用下悬挂楼面层间位移过大、非结构构件破损严重的问题,提出了一种通过"柔性层"将悬挂楼面柔性吊挂在主结构的新型半柔性悬挂减振结构体系。同时基于上述思想给出了一种可行的结构方案:在每个悬挂楼段的最顶层采用全部柔性的钢索或者两端铰接杆悬挂于主结构桁架之上,柔性索上端锚固于伸臂桁架的上弦,而下端锚固于悬挂楼段的顶层楼面,同时可将部分消能器设置在伸臂桁架梁的下弦与顶层楼面之间。

数值分析表明通过合理的设计,能够体现这种新型半柔性悬挂结构体系的优点,较好地控制悬挂楼面的层间位移。上述结论是建立在数值模型分析基础上,然而理论结果与实际情况总是存在不可避免的差异,这需要进一步通过试验手段验证。为此,本文开展了半柔性悬挂减振结构的振动台试验,试验中采用商业化的线性黏滞流体阻尼器连接主结构和悬挂楼段,保证阻尼器参数的准确有效。通过变换工况详细对比了悬挂楼面与主结构的质量比和连接方式、阻尼器分布、悬挂楼面的层间刚度等对悬挂减振结构的动力特性、整体和局部响应的影响规律。

5.7.2　模型设计

悬挂结构模型共 5 层,其中第 1 层层高为 0.65 m,第 2～4 层层高为 0.7 m,第 5 层为转换层,层高为 0.5 m。主结构的平面尺寸为 0.6 m×0.6 m,框架柱采用 10 号工字钢,框架梁采用 10 号工字钢和 HW100×100×6×8 的 H 形钢。钢材等级为 Q235B,材料试验表明钢材的平均屈服强度为 313.1 MPa,而弹性模量为 $2.05×10^5$ MPa,极限强度为 445 MPa,极限伸长率为 37.6%。悬挂楼面采用 40 mm×40 mm×2.5 mm 的方钢管拼接而成,尺寸为 1.7 m×1.7 m,通过直径为 14 mm 的螺纹丝杆将悬挂楼面串联在一起形成悬挂楼段。而在悬挂楼段的顶层楼面通过两端铰接杆悬挂在主结构顶层的钢梁上,形成了柔性层。模型柱脚焊接在四块 420 mm×300 mm×20 mm 的钢板上,然后将模型底板与振动台台面用螺栓固结在一起。悬挂钢结构模型的立面和平面如图 5.28 所示。

为了研究悬挂楼面与主结构的质量比对减振效果的影响,试验采用了两种配重方案,如图 5.29 所示。主结构从第 1 层到第 4 层,每层外加配重 320 kg(共 16 块配重块),在试验中保持不变。悬挂楼面配重方案有两个:配重方案 Ⅰ 是从第 1 层到第 4 层,每层配重 600 kg

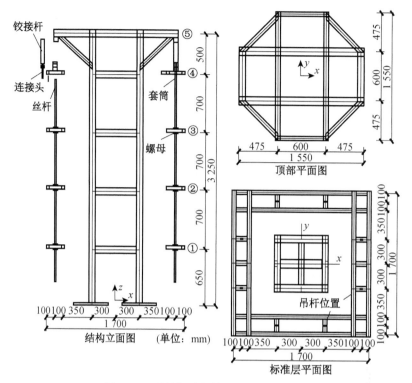

图 5.28　悬挂钢结构模型的立面和平面

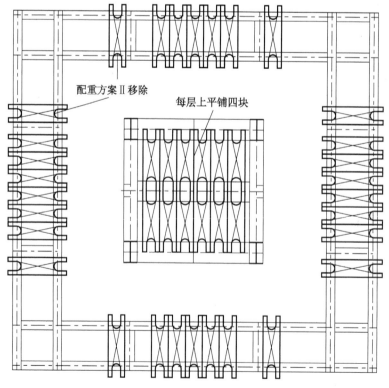

图 5.29　结构配置方案

（共 30 块配重块），使得悬挂楼面与主结构的质量比为 $\beta=1.624$；配重方案Ⅱ是从第 1 层到第 4 层，每层配重 440 kg（共 22 块配重块），使得悬挂楼面与主结构的质量比为 $\beta=1.218$。质量块通过丝杆锚固在主结构和悬挂楼面上。

5.7.3 模型相似比设计

试验模型的长度相似比大约为 4 : 25，且需要增加人工质量来满足一定的几何、材料和动力相似关系。由于没有真实的原型结构，本设计主要根据模型结构的频率来确定所需的人工质量，同时兼顾模型结构按照相似理论外推的原型结构在实际工程合理范围内。表 5.16 给出了相似参数，仅供参考。

表 5.16　模型相似比系数

类型	物理量	理论相似系数	模型相似系数
几何特征	长度 l	S_l	4/25
	面积 A	$S_A=S_l^2$	16/625
材料特征	弹性模量 E	$S_E=S_\sigma$	1
	竖向压应力 σ	S_σ	1
	竖向压应变 ε	S_ε	1
	泊松比 ν	1	1
动力性能	质量 m	$S_m=S_\rho S_l^3$	16/625
	侧向刚度 k	$S_k=S_E S_l$	4/25
	阻尼系数 δ	$S_\delta=S_m/S_T$	$(2/5)^3$
	周期 T	$S_T=S_l^{0.5}S_a^{-0.5}$	2/5
	频率 f	$S_f=S_l^{-0.5}S_a^{0.5}$	5/2
	反应速度 v	$S_v=S_l^{0.5}S_a^{0.5}$	2/5
	反应加速度 a	S_a	1

5.7.4 模型测点布置

根据试验目的和模型对称的特点，模型共布置 10 个加速度计在标准层平面上，主结构和悬挂楼面各布置 1 个加速度计；顶层布置 1 个加速度计；模型的基座上布置 1 个加速度计，采集模型结构柱脚激励。此外，共有 5 个位移计布置在模型上。顶层和模型的基座各布置 1 个位移计；在悬挂楼段的顶层和底层楼面与主结构之间各布置 1 个位移计。由于位移计数限制，所以结果分析中的部分位移数据仍需要从加速度数据通过频域时域变换得到，通过与位移计获得数据对比，从加速度转换得到的结构位移响应峰值有着较好的可靠度。

5.7.5 试验加载工况

为了客观评价半柔性悬挂减振结构的减振控制效果，以使试验结果具有一定的代表性和适用性。根据试验目的和内容,选择了 El Centro（1940）、Taft（1952）和 Palm Springs（1986）三组地震波作为振动台台面激励,如表 5.17 所示。其中,PGA、PGV 和 PGD 分别表示峰值加速度、速度和位移。为了能够直接对比三条地震波输入下结构的动力响应,三组地震波加速度峰值统一调整到 400 cm/s² 作为台面激励。在每组试验结束前后,均对结构模型进行白噪声扫描,量测结构动力特性及其变化。根据分析,模型的动力特性在荷载工况加载前后无明显变化,表明模型的主结构一直处于弹性阶段,达到主结构保持弹性的设计目的。

表 5.17　试验加载工况

地震波记录	PGA(m/s²)	PGV(m/s)	PGD(m)	间隔(s)
El Centro	3.066	0.297	0.130	0.01
Taft	1.742	0.175	0.088	0.01
Palm Springs	1.837	0.121	0.021	0.005

5.8　混凝土柱振动台试验研究

5.8.1　试验目的

振动台试验由于可以最为接近真实的反应结构在地震作用下的性能而得到很多研究者的青睐。由于试验室的规模、设备的性能以及费用成本的制约,对于大型结构的振动台试验很难以足尺形式进行,因而往往进行缩尺模型的振动台试验/拟动力试验,或者将结构中关键部分取子结构进行振动台/拟动力试验,而结构其余部分的性能通过计算机模拟来进行。为了研究基于位移设计的混凝土桥墩抗震性能,艾庆华等进行了 4 根 1:2 模型的混凝土桥墩振动台试验,比较分析了加速度和位移反应、位移延性系数和耗能等指标。日本为了研究大型结构在实际地震波激励下的抗震性能,于 2005 年耗费巨资建成了台面面积为 20 m×15 m 的三维地震动模拟振动台 E-defense,并向全世界开放。

在 SFCB 混凝土柱的低周反复荷载试验和相应的数值分析研究基础上,在东南大学混凝土及预应力混凝土结构教育部重点实验室进行了 SFCB 增强混凝土柱、RC 对比柱和混杂配筋混凝土柱的振动台试验。

5.8.2　模型设计

为满足实验室既有振动台的加载条件,先对拟设计的试件进行计算。首先基于 SFCB 的材性拉伸试验结果,利用 OpenSees 对 S10B51 的材性力学性能进行了试验,并对计算值进行了比较。振动台试验所用的 SFCB 复合筋 S10B51 的外侧玄武岩纤维是 4 000 tex(1 tex=1 g/km),51 束的 4 000 tex 玄武岩纤维对应 2 400 tex 规格的为 85 束。对 S10B85 的单向拉伸计算结果和试验曲线的比较如图 5.30 (a)所示,相应的对称配置 3 根 S10B85 复合筋的混凝土柱尝试推覆曲线如图 5.30 (b)所示。

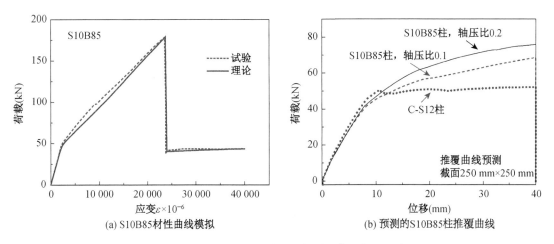

(a) S10B85材性曲线模拟　　　　　(b) 预测的S10B85柱推覆曲线

图 5.30　柱 C‑S10B85 的静力推覆承载力水平预测

　　根据尝试推覆分析计算结果可以发现,当轴压比为 0.1 时,水平剪力不到 80 kN。设计 SFCB 混凝土柱截面 250 mm×250 mm,剪跨比 λ 为 5,即柱脚到配重重心的距离为 1 250 mm, 保护层厚度 20 mm。构件几何参数如图 5.31 所示,其中为了避免混凝土柱发生剪切破坏, 箍筋按塑性铰区加密要求通长配置。柱台设置 10 个直径为 50 mm 的通孔与振动台台面锚 固连接。浇筑构件的混凝土立方体(150 mm×150 mm×150 mm)抗压强度试验平均值为 36.64 MPa,对应换算的圆柱体抗压强度为 29.31 MPa。

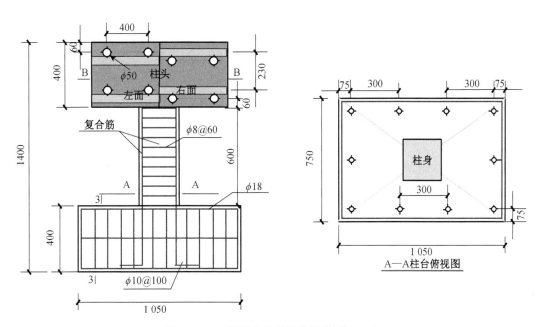

图 5.31.1　混凝土柱几何参数(单位:mm)

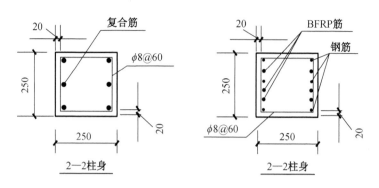

图 5.31.2 截面几何参数和配筋形式(单位:mm)

根据等初始刚度原则,设计了 4 根混凝土柱,具体如表 5.18 所示。表中 RC 对比柱 1 根 C-S12、混杂配筋柱 1 根(钢筋/玄武岩纤维筋 C-H)和 SFCB 柱 2 根(钢-玄武岩纤维复合筋 C-S10B85、钢-玻璃纤维复合筋 C-S10G55)。

表 5.18 构件数量及纵筋力学性能

编号		直径(mm)	弹模(GPa)	材性二次刚度比	屈服强度(MPa)	极限强度(MPa)	柱数量
C-S12		12	200	—	400	529.6	1
C-H	S10*	10	200		450	621.0	1
	BFRP 筋**	13	45.38	—	1 075.6	1 075.6	
C-S10B85		18	94.6	0.266	189.2	544.08	1
C-S10G55		19.40	88.4	0.266	174.7	406.67	1

注:* 混杂配筋柱 C-H 由于构件补做,所用钢筋是在室外放置一段时间,有部分锈蚀的钢筋;** BFRP 筋的力学性能是根据 S10B85 复合筋和相应钢筋的性能换算的,其断裂应变取 SFCB 的试验断裂应变 0.023 7,根据 SFCB 直径换算的纤维体积含量为 58.26%。

5.8.3 构件浇筑

在构件浇筑前,首先在纵筋(SFCB、钢筋或 FRP 筋)的相应位置粘贴应变片。绑扎钢筋笼骨架和制作模板时,柱台预留 10 个孔洞,试验时用高强螺纹钢棒穿过预留孔洞和振动台台面连接,每根钢棒施加约 15 t 的预应力。混凝土柱骨架及柱顶模板预留孔洞如图 5.32 所示。

柱顶的惯性力由拼装 2 块混凝土配重来实现,为了提高混凝土柱的有效长度(避免过短的混凝土柱不利于柱子端部的纵筋锚固),将混凝土配重做成 4 m×2 m×0.5 m 的扁块(两块拼装为 4 m×4 m×0.5 m 的方形整体),如图 5.33 所示。

柱顶为了牢固连接 20 t 的配重,首先将四根水平钢支撑和混凝土柱柱头通过预留孔洞进行连接,再利用四根竖向预应力的钢棒将钢支撑和配重装配为整体,两块配重之间通过三根水平预应力拉杆拉紧。设计的柱顶钢支撑及其与配重的连接方式如图 5.34 所示。

(a) 纵筋骨架

(b) 构件浇筑

图 5.32　钢筋笼骨架以及构件浇筑

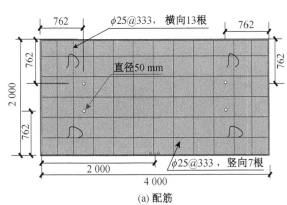

(a) 配筋

(b) 浇筑

图 5.33　配重设计以及浇筑

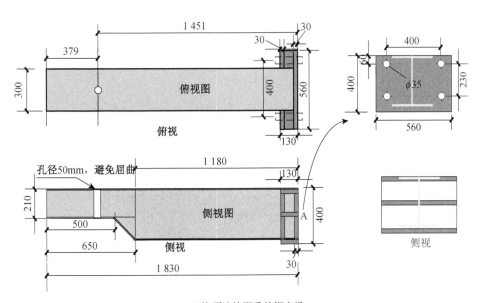

（a）柱顶连接配重的钢支撑

图 5.34.1　配重连接钢支撑及相关配件(一)

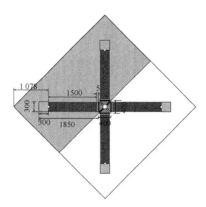

（b）钢支撑与配重连接方式

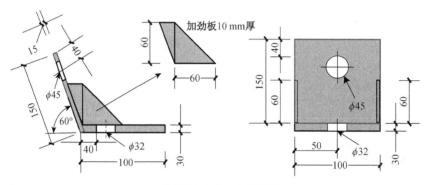

（c）安全链条与台面连接的锚板

图 5.34.2　配重连接钢支撑及相关配件（二）

为了防止试验过程中由于构件破坏造成配重甩落而导致人员受伤或仪器设备损坏,设计了两道防线。第一道防线是在钢支撑与配重连接的竖向拉杆下设立锚环,进而设置 4 根安全链条连接配重和振动台台面,台面锚板如图 5.34(c)所示;第二道防线是在振动台台面设置 4 根钢墩,钢墩与配重保持合适距离,如果发生配重掉落,钢墩可以部分托住,架立起安全区域。装配完成的振动台构件如图 5.35 所示。

图 5.35　装配好的振动台试件

5.8.4　模型测点布置

(1) 柱身加速度和位移

加速度传感器合计放置 7 个,如图 5.36(a)所示,其中 3 个放置于柱身垂直作动器方向的构件中线;在柱台以及配重上各对称布置 2 个加速度传感器以测量试件加载过程中是否左右平衡。加速度响应可以换算获得混凝土柱的自振频率、阻尼系数等。

位移传感器布置在加速度计附近垂直位置,由于位移传感器体积较大,而加速度计 A5 由于太靠近配重,为了防止试验时配重撞坏位移传感器而在该位置没有安装位移传感器,因此合计设置位移传感器 6 个,如图 5.36(b)所示。在每个试件的地震波激励间隔,通过白噪声激励下的加速度傅里叶谱来估计试件的自振周期。

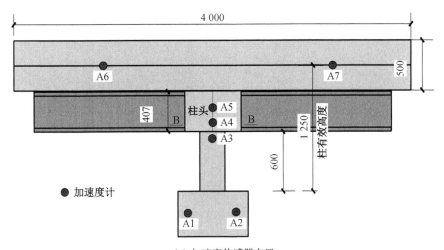

(a) 加速度传感器布置

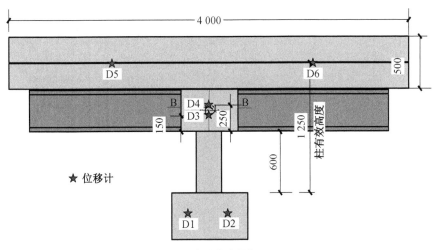

(b) 位移传感器布置

图 5.36　加速度计和位移传感器布置方式

(2) 柱身的平均曲率分布

为了测量混凝土柱在地震波加载过程中的柱身变形分布情况,沿柱脚 40 mm 向上对称布置 8 个 PI 位移计(每侧 4 个)用于测量柱表面平均应变,进而可以获得平均曲率。PI 位移计的标距分为 100 mm 和 150 mm 两种,其中 100 mm 标距的每侧 3 个,从柱脚往上依次布置;150 mm 标距的 PI 位移计每侧 1 个,布置于最上方,具体的布置方式和编号如图 5.37 所示。其中 PI_5$^+$ 和 PI_5$^-$ 为了测量纵筋的应变伸长效应,通过在柱脚进行植筋来测量离柱台 140 mm 距离的平均应变,与 PI_1 的数据相减后可以获得柱台表面 40 mm 高度范围内的曲率变化,该范围内的平均应变(曲率)考虑了柱脚主裂缝的影响。

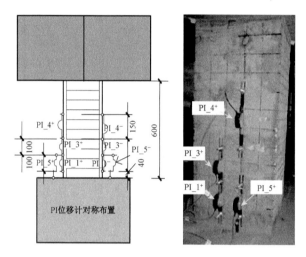

图 5.37　混凝土柱身表面 PI 位移计布置示意图

(3) 纵筋应变

每根纵筋 7 个应变片,每个柱贴对称两根纵筋,其中包含 2 片位于柱台下部的纵筋锚固区域,用于测量锚固区纵筋的应变分布情况;由于混杂配筋柱 C-H 中,有 FRP 筋和普通钢筋,因此在两侧的 FRP 筋和普通钢筋各贴两根纵筋,合计 4 根纵筋,具体的应变片编号和相应位置如图 5.38 所示:

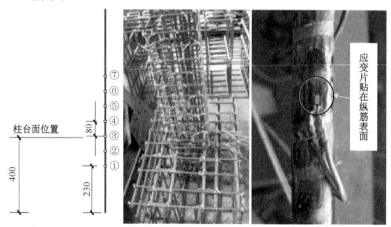

图 5.38　纵筋应变片布置示意图

为了防止应变片在振捣混凝土的过程中发生损坏,用窄纱布浸渍环氧树脂把应变片包裹起来进行保护(图 5.39)。对于 SFCB 的柱底锚固端,剥除 5 倍直径长度的外侧 FRP,并对钢筋进行弯折,加强 SFCB 的锚固性能。

图 5.39　应变片粘贴和保护

5.8.5　地震波加载方案

既有的研究成果发现,屈服后刚度较小的结构进入弹塑性阶段后,会引起永久变形和损伤的集中,造成过大残余位移。对于 SFCB 混凝土柱,不同地震波(即使相同加速度幅值)也会产生较大的区别。对于本节的试验混凝土柱,选取著名的 1940 年近场地震 El Centro 波南北方向分量作为输入波进行加载,地震波原峰值加速度为 341.7 cm/s²,持时53.73 s,加速度波形和相应弹性加速度反应谱如图 5.40 所示。

输入波相关的速度时程以及 PGA 与对应 PGV 的关系也列在图 5.40 中,当调整输入波 PGA 时,PGV 线性变化。比如当 PGA 为 200 cm/s² 时,对应 PGV 为 0.223 m/s;当 PGA 为 500 cm/s² 时,对应 PGV 为 0.558 m/s。本节试验采用最大加速度峰值为 50 cm/s² 进行初始加载,然后以 20 cm/s² 为级别进行递增,在每隔 40 cm/s²,采用较小幅值的白噪声进行激励,以白噪声的傅里叶谱来获取构件在每一工况结束时的频率和阻尼比等动力特性。同时,每次地震波激励后的自由振动可以用来估计构件的阻尼比。

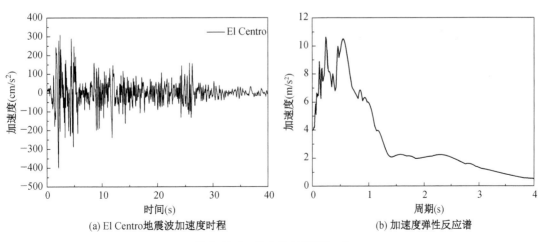

(a) El Centro地震波加速度时程　　　　　(b) 加速度弹性反应谱

图 5.40.1　输入的地震波(一)

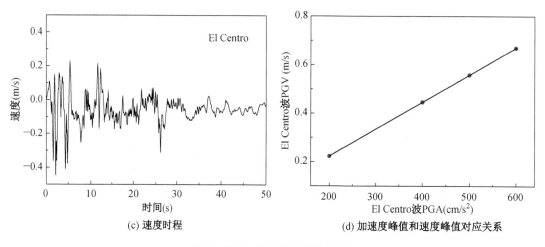

(c) 速度时程　　　　　(d) 加速度峰值和速度峰值对应关系

图 5.40.2　输入的地震波(二)

混凝土柱在不同幅值地震波下经历弹性阶段、开裂阶段、屈服阶段、屈服后二次刚度阶段和混凝土压溃后钢筋屈曲或 FRP 断裂阶段。其中,第一根柱子的弹性阶段可以用于检验振动台性能、试验量测设备的完好性。

5.9　多维粘弹性隔减震装置振动台试验

5.9.1　试验目的

地震将会引起结构多方向的振动,但是目前广泛应用的普通叠层橡胶支座,不能起到竖向隔震的效果,耗能能力也较小,因此研制多方向隔震装置成为研究的热点。粘弹性材料是一种具有优异的耗能特性的复合材料,由其制作而成的隔减震装置性能优于普通的橡胶隔震支座,不仅能够减少水平向地震作用对结构的影响,而且能够有效地消耗竖向地震输入的能量,具有广阔的应用前景。

为了真实模拟多维粘弹性隔减震装置对建筑结构和大跨网格结构在地震激励作用下的减震效果,东南大学徐赵东教授课题组分别对大跨网格结构和建筑结构进行了地震模拟振动台试验,如图 5.41、图 5.42 所示,并取得了较好的效果。试验目的是对比安装与未安装多维粘弹性隔减震装置的建筑结构在不同地震激励作用下的动力响应,评定该多维粘弹性隔减震装置的隔减震效果。本节仅对建筑结构装置振动台试验进行相关介绍。

5.9.2　多维粘弹性隔减震装置

多维粘弹性隔减震装置,其模型如图 5.43,主要由粘弹性核心垫、粘弹性阻尼器、预压弹簧等组成。核心垫是由粘弹性材料与钢板叠层高温高压硫化粘结而成,类似于橡胶隔震支座,具有较大的竖向刚度,确保了多维粘弹性隔减震装置的竖向支撑能力,同时其水平刚度较小,又具有一定的耗能性能,是主要的水平向隔震元件,装置设计的刚度能够保证同时在水平和竖向对结构进行隔减震。

图 5.41　多维隔减震大跨网格结构振动台试验　　图 5.42　多维隔减震建筑结构振动台试验

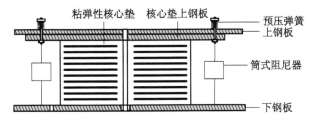

图 5.43　多维粘弹性隔减震装置振动台试验模型示意图

5.9.3　模型相似比设计

试验中,初始参数的输入:考虑结构的几何缩尺比为 1∶3,因此输入地震波的时间间隔取为 $t=0.00115$ s。根据相似原理设计缩尺模型,缩尺模型与原结构的主要相似关系列于表 5.19 中。

表 5.19　模型相似系数

类型	物理量	相似系数
材料特征	弹性模量 E	$S_E = 1$
	竖向压应力 σ	$S_\sigma = 1$
	竖向压应变 ε	$S_\varepsilon = 1$
	泊松比 ν	$S_\nu = 1$
	质量密度 ρ	$S_\rho = S_\sigma / S_l = 3$
几何特征	长度 l	$S_l = 1/3$
	线位移 x	$S_x = S_l = 1/3$
	角位移 θ	$S_\theta = 1$
	面积 A	$S_A = S_l^2 = 1/9$

续表 5.19

类型	物理量	相似系数
动力特征	质量 m	$S_m = S_\rho S_l^3 = 1/9$
	刚度 k	$S_k = S_E S_l = 1/3$
	周期 T	$S_t = (S_m / S_k)^{0.5} = 1/\sqrt{3}$
	反应速度 v	$S_v = 1/\sqrt{3}$
	反应加速度 a	$S_a = S_x/S_t^2 = 1$
时间特征	时间 t	$S_t = 1/\sqrt{3}$

5.9.4 结构模型及测点布置

原型结构是一个两榀三层钢框架结构,跨度为 $3.6\ \mathrm{m} \times 6\ \mathrm{m}$,高度为 $10.5\ \mathrm{m}$。取屋面恒载为 $3.79\ \mathrm{kN/m^2}$,屋面活载为 $2.0\ \mathrm{kN/m^2}$;楼面恒载为 $2.99\ \mathrm{kN/m^2}$,楼面活载取 $3.0\ \mathrm{kN/m^2}$。根据相似原理,尺寸比采用 $1:5$,配重比采用 $1:25$。进行缩尺后模型具体情况如表 5.20。为了测量模型结构在地震作用下的加速度和位移反应,在试验中使用 8 个加速度传感器、6 个位移传感器,如图 5.44、图 5.45 所示,分别布置在振动台台面以及钢框架的一层、二层和顶层楼面,用于研究安装多维粘弹性隔减震装置与不安装多维粘弹性隔减震装置两种情况下结构的反应。

表 5.20　试验模型的各层自重及配重分布

层数	楼层层高(mm)	楼层自重(kN)	实际楼层配重(kN)	楼层总重(kN)
1	780	0.58	10.84	11.42
2	660	0.55	10.84	11.39
3	660	0.41	10.05	10.46

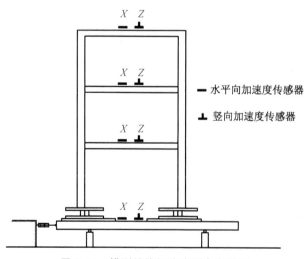

图 5.44　模型结构加速度测点布置图

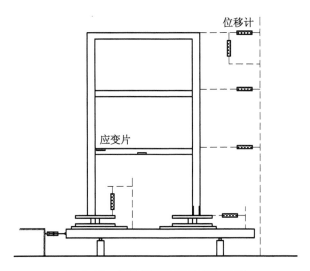

图 5.45　模型结构位移测点布置图

5.9.5　试验工况及结果

（1）动力反应结果

分别采用 El Centro 波和 Taft 波对未控结构和受控结构进行加载,并选取 El Centro 波下具有代表性的工况进行说明,如图 5.46、图 5.47 所示。

分析可知,在水平地震波激励作用下,多维粘弹性隔减震装置能有效地降低钢框架结构的水平地震反应,这是由于多维粘弹性隔减震装置减小了钢框架结构水平向底部刚度,有效地消减了振动能量向上部结构的传递,降低了上部结构的动力响应;另一方面,粘弹性材料具有较大的阻尼,耗散了部分振动能量,从而降低了上部结构吸收的振动能量。

（2）结论

经过振动台试验说明,在地震波作用下,多维粘弹性隔减震装置能够有效地降低地震作用下结构在水平方向的加速度和位移响应。这证明了多维粘弹性建筑隔减震装置能够在隔震的同时对建筑结构进行减震,有效地控制了建筑结构的振动。

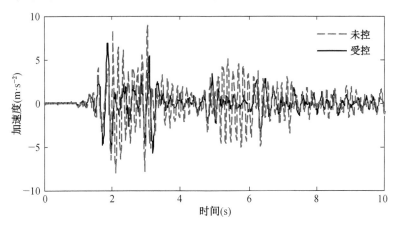

图 5.46　400 cm/s² El Centro 波激励下结构水平向顶层加速度时程曲线

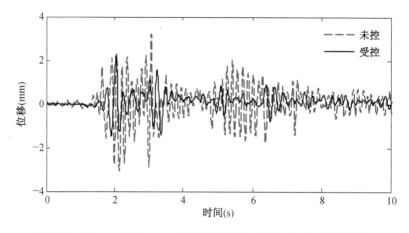

图 5.47　400 cm/s² El Centro 波激励下结构水平向位移时程曲线对比

5.10　多层冷成型钢房屋振动台试验研究

5.10.1　试验目的

冷成型钢房屋有外观美观,质轻造价低,材料可重复利用等优点,在美国、加拿大、澳洲等地建有大量的冷成型钢房屋,近些年来,在国内各地也建造了大量的冷成型钢住宅,尤其是在我国东南沿海地区。这些住宅结构大多为低层,而我国人多地少,低层住宅并不能满足我国城镇化建设的需求,多层住宅更符合我国基本国情。但目前设计规范、建造技术均针对于三层及以下的冷成型钢住宅结构,如图 5.48 所示。对于多层冷成型钢结构并无相关设计

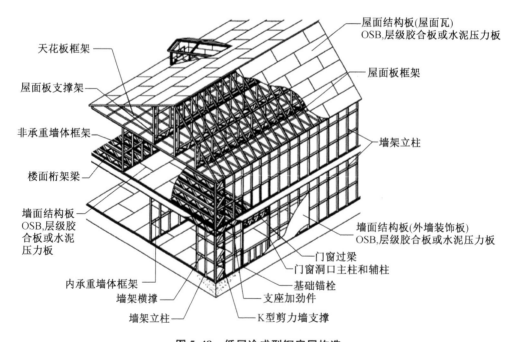

图 5.48　低层冷成型钢房屋构造

依据及相应建造技术可以借鉴。为此,本节研究目的是针对多层冷成型钢结构,研发一套结构整体施工建造技术,并进行分层次振动台试验,研究多层冷成型钢结构抗震性能,提出结构各关键节点及部位施工技术和设计方法,为我国多层冷成型钢结构体系的设计和施工提供可靠依据。

5.10.2　试验模型设计

为了能够更加真实地反映多层冷成型钢结构在地震下的性能,本次试验基于叶继红教授课题组所提的多项国家发明专利为基础,将模型设计为 5 层,双跨双开间布置,原型结构层高 3 m,跨度和开间均为 3.6 m,墙体内外侧均布设双层 12 mm 厚的防火石膏板。综合考虑振动台试验设备和参数,进行 1/2 缩尺设计。缩尺后结构的跨度和开间均为 1.8 m,层高1.5 m。

共设计了四个房屋模型,分别为:纯骨架模型(模型 0)、纯骨架＋新型加强块节点模型(模型 1)、冷成型钢复合加强型剪力墙模型(模型 2)和冷成型钢加强型＋普通型剪力墙模型(模型 3)。所有模型的边立柱均采用冷成型钢管混凝土柱,墙体内外侧均布设12 mm厚的防火石膏板。对于模型 2 和模型 3,振动台振动方向的组合墙体均未开洞,非振动方向的墙体均开设 0.9 m×0.6 m(模型 2)和 0.9 m×0.9 m(模型 3)的门洞。模型 2 和模型 3 采用叶继红教授课题组提出的新型组合楼板。平面布置如图 5.49 所示,立面如图 5.50所示。

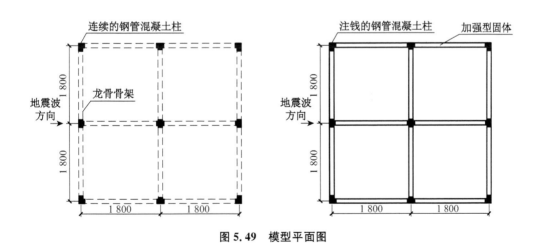

图 5.49　模型平面图

模型试验在东南大学结构实验室完成,实验室内振动台台面尺寸为 4.0 m×6.0 m,作动器布置于振动台台面西侧,如图 5.51 所示。为保证测量设备的搭设和安装,模型沿着东侧布置,且对南北侧居中。

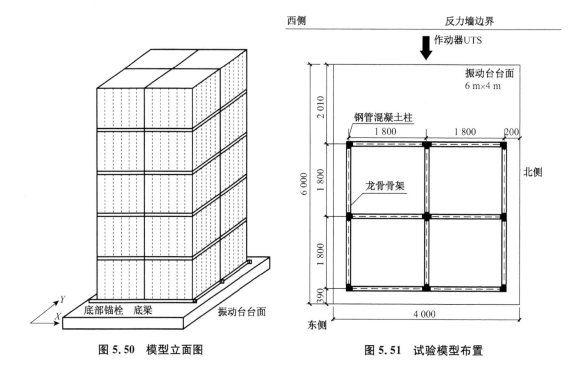

图 5.50 模型立面图

图 5.51 试验模型布置

5.10.3 模型相似比设计

模型的质量根据质量相似比进行设计,按照楼盖类型,模型 0 不包含新型组合楼盖,而是采用冷成型钢纯骨架。其他 2 个试验模型采用新型组合楼盖。楼盖形式为:50 mm ALC 板+30 mm 厚混凝土面层。试验模型楼面通过放置铁块施加结构配重。根据实验室现有 20 kg(300×140×80)规格的配重块。考虑到结构倒塌时配重块易飞出造成潜在威胁,本次试验采用袋装黄沙来代替配重块,并通过细铁丝、铁丝绳将其与楼面进行固定。模型相似比设计关系如表 5.21 所示。

表 5.21 模型相似比设计关系

物理关系	物理参数	符号	相似系数
几何关系	长度	S_l	1/2
	面积	S_A	1/4
	位移转角	S_α	1
材料关系	应变	S_ε	1
	弹性模量	S_E	1
	应力	S_σ	1
	泊松比	S_ν	1
	质量密度	S_ρ	2

续表 5. 21

物理关系	物理参数	符号	相似系数
荷载关系	面荷载	S_q	1
	集中力	S_p	1/4
动力关系	周期	S_T	$1/\sqrt{2}$
	频率	S_f	$\sqrt{2}$
	加速度	S_a	1
	重力加速度	S_g	1
	阻尼系数	S_δ	$1/2^{1.5}$

5.10.4 试验加载工况

本次试验的具体工况和步骤如表 5.22 所示,采用 El Centro 地震波,波形如图 5.52 所示,考虑加速度的调整和时间的压缩,每级工况以 100 cm/s² 作为增量逐级施加,直至结构加载至完全破坏或达到试验设备量程时截止。

表 5.22 工况表 （cm/s²）

工况	地震波输入值	工况	地震波输入值
1	第一次白噪声扫频	14	700
2	100	15	800
3	200	16	第六次白噪声扫频
4	第二次白噪声扫频	17	900
5	250	18	1 000
6	300	19	第七次白噪声扫频
7	第三次白噪声扫频	20	1 100
8	350	21	1 200
9	400	22	第八次白噪声扫频
10	第四次白噪声扫频	23	1 300
11	500	24	1 400
12	600	25	第九次白噪声扫频
13	第五次白噪声扫频	26	1 500

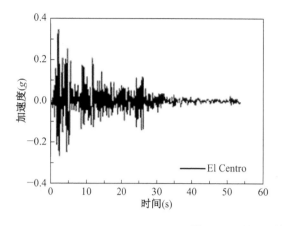
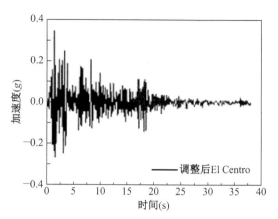

图 5.52　所采用的 El Centro 地震波

5.10.5　试验设备与测点布置

加速度计使用压电式传感器,共计 20 个;位移计采用顶杆式和拉线式传感器混合使用的方式,其中拉线式位移计量程 1 000 mm 的 1 个,量程 750 mm 的 4 个,共计 5 个;顶杆式位移传感器 500 mm 的 10 个,400 mm 的 6 个,200 mm 的 10 个,加速度、位移和应变数据采集系统使用江苏靖江某公司开发的实时动态采集系统。

综合考虑本次试验目的及试验条件,传感器和应变片布置如下:

为了观察地震作用下模型的平动和转动以及模型各层位移,在模型东侧墙体上布置 18 个位移传感器,每层布置 3 个。在模型的南侧和北侧墙体上布置 12 个位移传感器,每层布置 2 个。为了观察地震作用下模型各层加速度,在模型 W 向墙体上从基础梁到顶部共布置 20 个加速度传感器,基地布置 2 个,1 层布置 3 个,2 层布置 3 个,3 层布置 3 个,4 层布置 3 个,5 层布置 3 个,顶层布置 3 个。为了研究纵横墙角部钢筋在地震作用下的受力状态,在北侧墙体 1 层和 2 层位置的龙骨处布置 20 个应变测点,分别布置在钢管混凝土边柱、中立柱和节点处。具体布置图如图 5.53 所示。

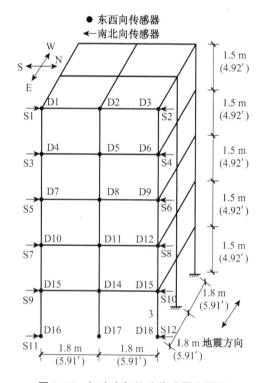

图 5.53　加速度与位移传感器布置图

5.11　强震作用下多塔斜拉桥的倒塌破坏研究

5.11.1　试验目的

地震模拟振动台试验是实验室环境下模拟结构地震响应的重要手段之一,比较接近实际地震时地面的运动情况以及地震对建筑结构的作用情况,是研究在地震作用下结构的破坏机理和破坏模式、评价结构整体抗震能力的重要手段和方法,因而在地震工程的理论研究和工程实际得到广泛的应用。本节基于新建成的地震模拟振动台三台阵系统,以三塔斜拉桥为工程背景,进行三塔斜拉桥模型的地震模拟振动台台阵试验研究,主要目的如下:

(1)通过地震模拟振动台台阵试验,研究多塔斜拉桥模型在多维多点地震动输入下的加速度响应和应变响应,探索其在一致激励和非一致激励下的地震响应特性。

(2)通过地震破坏试验和非线性动力分析,研究多塔斜拉桥在强震作用下的破坏模式,探讨其在强震作用下的倒塌破坏机理。

5.11.2　模型相似系数

由于本试验是在 1g 重力加速度环境下进行的,这就决定了模型和原型的重力加速度相等,即 $S_g = 1$,根据多塔斜拉桥结构特点和试验设备、场地条件,该试验选取缩尺比例 $S_l = 100$。模型中的主塔及辅助墩截面尺寸均按照长度相似比进行缩尺设计,主塔高度为 2.05 m 满足室制作场地高度要求以及模型吊装的高度要求。同时,由于该桥主跨的主梁为工字型钢主梁和混凝土板共同受力的组合梁结构,边跨主梁为混凝土结构,斜拉索为平行钢绞线,为使各个部分动力相似条件都尽可能得到满足,用量纲分析法导出模型主要物理量的相似关系,具体见表 5.23 所示:

表 5.23　模型的主要物理量相似关系

主塔、边墩				
	物理量	相似系数	模型相似系数	备注
材料特性	应变 ε	S_ε	1	
	应力 σ	$S_\sigma = S_E$	12.81	
	弹性模量 E	S_E	12.81	模型设计控制
	泊松比 ν	S_ν	1	
	等效密度 ρ	S_ρ	1.432	模型设计控制
几何特性	长度 l	S_l	100	模型设计控制
	面积 A	S_A	1.0×10^4	

续表 5.23

主塔、边墩				
	物理量	相似系数	模型相似系数	备注
几何特性	抗弯惯性矩 I	S_I	1.0×10^8	
	抗拉刚度 EA	S_{EA}	1.28×10^5	
	抗弯刚度 EI	S_{EI}	1.28×10^9	
动力特性	质量 m	$S_m = S_\rho S_l{}^3$	1.43×10^6	
	周期 T	$S_T = S_l \cdot (S_\rho \cdot S_E^{-1})^{1/2}$	33.44	动力荷载控制
	频率 f	$S_f = (S_l{}^2 \cdot S_\rho \cdot S_E^{-1})^{-1/2}$	0.029 9	动力荷载控制
	速度 v	$S_v = (S_E / S_\rho)^{1/2}$	0.358	
	加速度 a	$S_a = S_E / (S_l \cdot S_\rho)$	0.089	动力荷载控制
	重力加速度 g	—	1	

5.11.3 模型制作与安装

塔模型的设计：主塔采用有机玻璃材料模拟，主塔及辅助墩截面尺寸均按照长度相似比 1:100 进行相应的缩尺设计，三个主塔高度为 2.05 m。对于主梁的设计：两个边跨的混凝土主梁采用标准截面段进行缩尺设计，包括两侧 0.25 mm 厚的有机玻璃纵梁和 0.004 mm 厚的有机玻璃桥面板；由于三塔双索面组合梁为工字型钢主梁和混凝土板共同受力，主要根据刚度相似，组合梁采用 1 mm 厚的槽型铝合金纵梁、0.8 mm 厚的铝合金横梁与小纵梁和 4 mm 厚的有机玻璃桥面板，经调整的模型组合主梁截面如图 5.54 所示；斜拉索为 0.6 mm 的钢丝。

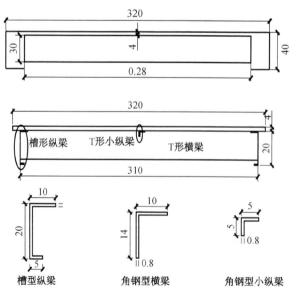

图 5.54 主梁截面图（单位：mm）

根据实际的支座边界条件,边塔及中塔分别采用自制的双向滑动支座及铰支座进行模拟;主塔、边塔、辅助墩底均采用钢板底座,与振动台台面用螺栓连接,模拟刚性基础。可知,桥梁模型全长为:

$$0.90 \text{ m}+1.60 \text{ m}+6.16 \text{ m}+6.16 \text{ m}+1.60 \text{ m}+0.90 \text{ m}=17.32 \text{ m}$$

模型中主塔放置在固定振动台上,两个主塔及边墩放置在移动振动台上。模型能够直接安装在3个地震台上,两个移动边台距中间固定台的距离为3.46 m,考虑到边墩也要固定在振动台上,现通过在移动振动台外伸钢板来固定边塔和边墩,模型在振动台上的详细安装情况见图5.55 所示。

(a) 组合梁和中塔的构造

(b) 混凝土主梁和边墩固定的构造

(c) 中塔及其配重的构造

(d) 全桥模型的振动台台阵试验布置

图 5.55　全桥模型的试验布置图

5.11.4　试验加载工况

按照试验目的和要求,本试验分三种工况:首先进行四种不同地震波输入的一致激励试验,输入方式为:纵向+横向($X+Y$);然后考虑纵桥向的行波效应(X 方向),输入方式也为

$X+Y$,进行三种不同视波速下的非一致激励试验;最后再逐级加大 El Centro 波的加速度输入,进行一致激励下的破坏试验,此次试验的工况共计为 19 个,具体见表 5.24 所示:

表 5.24　模型试验工况

一致激励试验工况

工况序号	地震波	加速度峰值(m/s^2)	输入方向
1	El Centro 波	1	$X+Y$
2	El Centro 波	1.5	$X+Y$
3	WC 波	1	$X+Y$
4	WC 波	1.5	$X+Y$
5	JX 波	1	$X+Y$
6	JX 波	1.5	$X+Y$
7	HK 波	1	$X+Y$
8	HK 波	1.5	$X+Y$

非一致激励试验工况

工况序号	地震波	加速度(m/s^2)	输入方向	视波速(m/s)	左台(s)	中台(s)	右台(s)
9	El Centro 波	1	$X+Y$	1 232	0	0.5	1
10	HK 波	1	$X+Y$	1 232	0	0.5	1
11	JX 波	1	$X+Y$	1 232	0	0.5	1
12	El Centro 波	1	$X+Y$	616	0	1	2
13	HK 波	1	$X+Y$	616	0	1	2
14	JX 波	1	$X+Y$	616	0	1	2
15	El Centro 波	1	$X+Y$	308	0	2	4

一致激励的破坏试验工况

工况序号	地震波	加速度峰值(m/s^2)	输入方向
16	El Centro 波	2	$X+Y$
17	El Centro 波	3	$X+Y$
18	El Centro 波	4	$X+Y$
19	白噪声		

5.11.5 模型测点布置

根据各试验目的,制定相应的测点布置方案,以确保获得足够的、有效的试验数据。需要测试的主要内容有结构各控制位置处的加速度响应、位移响应及主塔塔柱的内力响应,它们可以分别通过合理布置加速度传感器、位移传感器、截面的应变片来实现。

由于试验条件的限制,实验室缺少激光位移传感器,故本试验测试模型结构主要控制位置处的加速度响应和应变响应。试验中采用 DEWESoft 软件进行加速度和应变数据的采集,采样频率为 200 Hz,采集装置见图 5.56a。考虑到多塔斜拉桥的对称性,共设 34 个加速度传感器和 32 个应变片,具体的试验测点布置见表 5.25 所示,其中加速度传感器和应变片的测试仪器示意见图 5.56 所示:

表 5.25　测点布置表

	位置	方向		位置	方向
大加速度传感器(22 个)	左台面	$X+Y$	应变片(32 个)	左外墩墩底	$2X$
	中台面	$X+Y$		左内墩墩底	$2X$
	右台面	$X+Y$		左塔塔底	$2X$
	左边跨跨中	$X+Y$		左塔塔底	$2Y$
	左中跨 1/4	$X+Y$		左塔下横梁	$2X$
	左中跨跨中	$X+Y$		左塔下横梁	$2Y$
	左中跨 3/4	$X+Y$		中塔塔底	$2X$
	右中跨 1/4	$X+Y$		中塔塔底	$2Y$
小加速度传感器(12 个)	右中跨跨中	$X+Y$		中塔下横梁	$2X$
	右中跨 3/4	$X+Y$		中塔下横梁	$2Y$
	右边跨跨中	$X+Y$		右塔塔底	$2X$
	左塔塔顶	$X+Y$		右塔塔底	$2Y$
	左塔下横梁	$X+Y$		右塔下横梁	$2X$
	中塔塔顶	$X+Y$		右塔下横梁	$2Y$
	中塔下横梁	$X+Y$		右外墩墩底	$2X$
	右塔塔顶	$X+Y$		右内墩墩底	$2X$
	右塔下横梁	$X+Y$			

(a) DEWESoft采集系统

(b) 主梁上的大加速度计

(c) 中塔下横梁上的小加速度计

(d) 中塔的应变片

图 5.56　测试仪器示意图

5.12　强震作用下高墩大跨连续刚构桥的倒塌破坏研究

5.12.1　试验目的

地震模拟振动台试验是对土木结构或机械设备等进行抗震性能评估最为有效和直接的工具,振动台试验能够真实地再现地震动作用下结构的响应,为土木结构的抗震设计及倒塌破坏的分析能够提供有效的参考。本文中地震模拟振动台三台阵试验模型桥的设计并不完全按照原型桥和相似关系,而仅仅参照原型桥,考察连续刚构模型桥的地震响应,而不反推原型桥的特征。本节主要试验目的如下:①探索高墩连续刚构桥在横向、纵向和水平双向地震动作用下的结构响应特点;②了解高墩连续刚构桥在水平双向地震动作用下的破坏模式;③研究按照新规范验算的钢筋混凝土高墩的配筋率的适用性。

5.12.2　模型设计

根据振动台各参数要求及其他试验条件的限制,试验模型桥与原型桥黄沙Ⅰ号大桥的缩尺比例为:长度比为 1:15,桥墩的长细比为 3.2/0.32=10,详细设计如下:

（1）黄沙Ⅰ号大桥采用变截面箱梁,模型桥也采用箱梁,每跨分三段等截面段,采用直线变截面段过渡。

（2）黄沙Ⅰ号大桥桥墩采用矩形等截面空心薄壁墩且桥墩内壁有倒角,试验模型桥墩的设计也采用矩形等截面空心薄壁形式,但对于桥墩内壁的倒角进行简化,混凝土保护层厚度取为 1.5 cm。

（3）模型桥墩配筋按照与原型桥墩相等的体积配筋率原则确定。原型桥墩纵筋采用 350φ32,箍筋墩底加密区采用 16@100 mm,其他区域采用 16@150 mm。试验模型桥墩纵筋采用 28φ8,箍筋在墩底区域进行加密为 φ6@50 mm,其余区域为 φ6@100 mm。

（4）模型混凝土强度等级采用与原型桥一样的 C50 混凝土。为了浇筑时方便振捣密实,采用细石混凝土浇筑试验模型。

（5）为了满足试验模型与振动台固定的需求,在各个桥墩墩底制作了 250 mm× 800 mm×1 300 mm 的混凝土底座,底座可以通过预留钢板以及穿过底座的螺杆与振动台连接。模型详细尺寸及配筋如图 5.57 和图 5.58 所示:

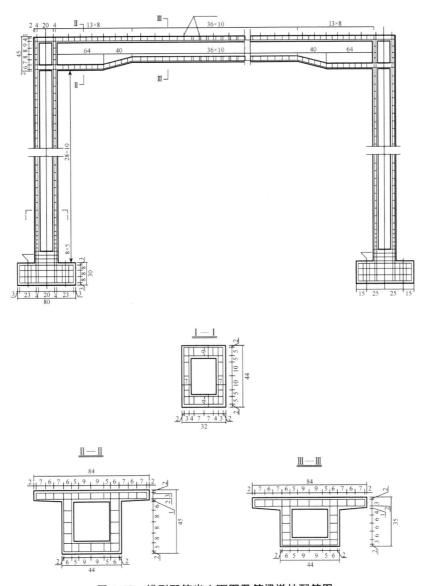

图 5.57　模型配筋半立面图及箱梁墩柱配筋图

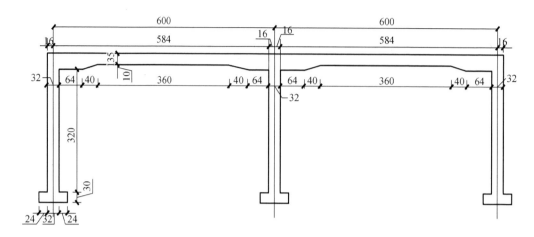

图 5.58　高墩连续刚构桥模型的立面图

5.12.3　模型相似比设计

考虑到实桥结构和振动台基本特性,本节试验模型取为两等跨连续刚构桥模型,各跨的相似关系如下:主梁长度比取为 1 : 15;墩柱长细比 3.2/0.32 = 10;桥墩的尺寸比为 1 : 14.3。模型桥总长最终定为 12 m,模型材料采用与原型桥相同的材料。以黄沙 I 号大桥为背景,取其主跨 90 m 为依托,设计两等跨的连续刚构桥模型,试验模型相似常数如表 5.26 所示:

表 5.26　试验模型和原型的相似关系

类型	物理量	量纲	相似系数
几何尺寸	线尺寸 l	L	$S_l = 1/15$
	线位移 x	L	$S_x = S_l = 1/15$
	角位移 θ	—	$S_\theta = 1$
材料特性	弹性模量 E	$ML^{-1}T^{-2}$	$S_E = 1$
	密度 ρ	ML^{-3}	$S_\rho = 1$
	泊松比 ν	—	$S_\nu = 1$
	应变 ε	—	$S_\varepsilon = 1$
	应力 σ	$ML^{-1}T^{-2}$	$S_\sigma = S_E \cdot S_\varepsilon = 1$
	等效质量密度 ρ_e	ML^{-3}	$S_{\rho_e} = 1.67$

续表 5.26

类型	物理量	量纲	相似系数
荷载	集中荷载 F	MLT^{-2}	$S_F = S_E S_l^2 = 1/225$
	弯矩 M	ML^2T^{-2}	$S_M = S_\sigma S_l^3 = 1/3\ 375$
动力指标	时间 t	T	$S_t = S_l \sqrt{S_\rho / S_E} = 0.1$
	自振频率	T^{-1}	$S_\omega = 1/S_T = 10$
	阻尼比 δ	—	$S_\delta = S_l^2 \sqrt{S_E} = 1/225$
	加速度幅值 a	LT^{-2}	$S_a = S_E/(S_l S_{\rho_e}) = 9$
	加速度频率 f	T^{-1}	$S_f = 1/S_T = 10$
	结构刚度 k	MT^{-2}	$S_k = S_E S_l = 1/15$
	结构自重 m	M	$S_m = S_{\rho_e} S_l^3 = 1/2\ 025$

5.12.4　试验加载工况

欧洲及美国有关桥梁抗震的设计规范规定,在桥梁地震反应分析中地震动应按双向输入进行计算,然而我国公路及铁路桥梁工程抗震设计规范规定,不考虑水平地震作用时双向地震动的同时作用,只单独考虑纵桥向或横桥向地震的作用。在试验工况的确定时我们不仅考虑了单独的水平纵桥向和横桥向地震作用,还考虑了水平两个方向地震的同时作用。试验只进行了地震波的一致输入,每个试验工况前都对模型结构进行了白噪声扫描,以测得模型结构自振特性中的频率和振型,从而确定模型结构动力学特性的变化,修正试验过程中振动台控制程序的迭代精度,提高试验的准确性。模型结构输入的地震动峰值水平 X 向分别选为 0.05g、0.1g 和 0.2g,水平 Y 向对于 El Centro 波取为 0.05g,0.1g 和 0.2g,但对于晋江波则取为 0.05g×0.85,0.1g×0.85。具体工况设定如表 5.27 所示(水平 X 向为纵桥向,水平 Y 向为横桥向,Z 向为竖向):

表 5.27　地震振动台台阵试验工况列表(一致激励)

试验工况	输入地震波	输入地震波加速度峰值(m/s^2)	
		X 向(纵桥向)	Y 向(横桥向)
Case 1	白噪声扫描	—	—
	El Centro 波	0.5	0
Case 2	白噪声扫描	—	—
	El Centro 波	0	0.5
Case 3	白噪声扫描	—	—
	El Centro 波	0.5	0.5

续表 5.27

试验工况	输入地震波	输入地震波加速度峰值(m/s²)	
		X 向(纵桥向)	Y 向(横桥向)
Case 4	白噪声扫描	—	—
	晋江波	0.5	0.425
Case 5	白噪声扫描	—	—
	El Centro 波	1	0
Case 6	白噪声扫描	—	—
	El Centro 波	0	1
Case 7	白噪声扫描	—	—
	El Centro 波	1	1
Case 8	白噪声扫描	—	—
	晋江波	1	0
Case 9	白噪声扫描	—	—
	晋江波	1	0.85
Case 10	白噪声扫描	—	—
	El Centro 波	2	2
	白噪声扫描	—	—

5.12.5 模型测点布置

(1) 应变测点布置

在水平激励下结构的变形以弯曲变形为主,因此本次试验只在模型的各墩墩底、墩顶和箱梁的跨中粘贴混凝土应变片,测量墩底、墩顶水平及竖向应变,还有跨中水平双向的应变。

混凝土应变片:在 1 号墩至 3 号墩的墩顶、墩底各粘贴 6 片(竖直方向 4 片,水平方向 2 片,互为补偿片)共计 36 片,1♯墩~2♯墩跨中及 2♯墩~3♯墩跨中所在位置的箱梁底沿纵桥向和横桥向各粘贴 1 片混凝土应变片(互为补偿片),在箱梁的腹板上沿纵桥向粘贴 1 片混凝土应变片,跨中共计 6 片,实际共计使用 42 个,如图 5.59 所示。

钢筋应变片:在 1♯、2♯、3♯墩墩底距混凝土底座上沿 5 cm、15 cm 和 25 cm 分别预埋了 4 个钢筋片,在墩柱中部位置距混凝土底座上沿 160 cm 处预埋了 4 个钢筋片,在墩顶距箱梁底板下沿 5 cm 及 10 cm 分别预埋了 4 个钢筋片,三个墩柱上共计钢筋片 72 片,1♯墩~2♯墩跨中及 2♯墩~3♯墩跨中在箱梁顶部和底部钢筋上各预埋了 1 片钢筋片,钢筋片合计 76 片。在试验过程中由于动态应变通道数的限制,只在三个墩墩底和墩顶同一截面分别选取了 4 个钢筋片,在各跨中选取了 2 个钢筋片,实际共计使用钢筋片 34 个,如图 5.60(a)、(b)所示。

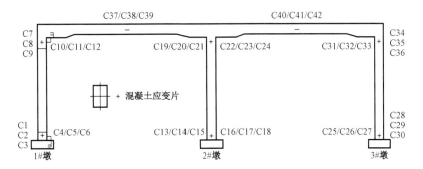

图 5.59　混凝土片测点布置示意图

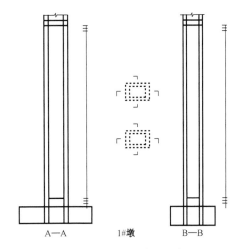

（a）墩柱钢筋片测点布置示意图

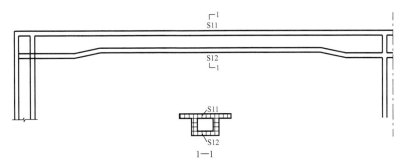

（b）跨中钢筋片布置示意图

图 5.60　混凝土片及钢筋片布置示意图

（2）加速度测点布置

试验时主要选取典型截面,测量相应方向的加速度响应,在整个测试过程中加速度传感器的布置分为几种情况:①环境振动测试横向振型的测定;②环境振动测试纵向振型的测定;③环境振动测试竖向振型的测定;④不同试验工况下测点相应方向加速度响应测量。环境振动测试测横向振型时,在主梁上布置了 5 个横向的加速度传感器,分别布置在三个墩顶及各跨跨中，墩柱各布置 5 个，分别在墩底、顶、中部及 1/4 和 3/4 处，具体布置及测点编号如图 5.61 所示：

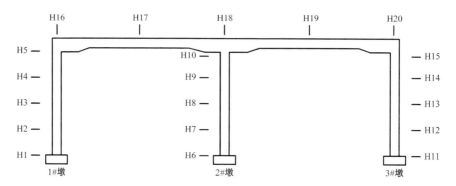

图 5.61　环境振动测试主梁横向测点布置示意图

环境振动测试测模型结构纵向振型时，总共在模型上布置了 20 个纵向的加速度传感器，每个墩柱上布置 5 个，分别在墩底、顶、中部及 1/4 和 3/4 处，在箱梁顶部也布置了 5 个，分别在各墩顶的箱梁顶部及各跨跨中的箱梁顶部，具体布置及测点编号如图 5.62 所示：

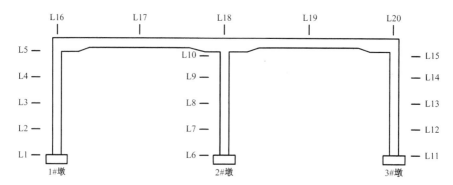

图 5.62　环境振动测试纵向测点布置示意图

环境振动测试测模型结构竖向振型时，总共在模型上布置了 15 个纵向的加速度传感器，每个墩柱上布置 5 个，分别在墩底、顶、中部及 1/4 和 3/4 处，同时在箱梁顶部布置 9 个竖向加速度传感器，分别在各墩顶的箱梁顶部、各跨跨中的箱梁顶部及各跨 1/4 和 3/4 跨处，具体测点布置及测点编号如图 5.63 所示。

在振动台台阵试验各工况下总共布置了 31 个加速度传感器，其中在箱梁顶部布置了 9 个竖向的加速度传感器，分别在各墩顶箱梁顶部，各跨跨中、各跨 1/4 和 3/4 处箱梁顶，各墩顶箱梁顶部及各跨跨中还分别布置了横向及纵向加速度传感器，每个墩柱上分别布置了 2 个横向加速度传感器，还有 2 个纵向加速度传感器分别在墩底及墩柱的中部。具体测点布置及测点编号如图 5.64 所示。

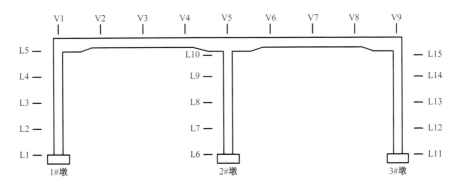

图 5.63　环境振动测试纵、竖向测点布置示意图

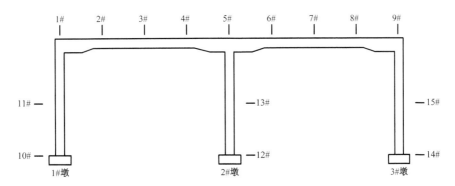

图 5.64　台阵试验加速度传感器布置示意图

5.13　强震下混凝土连续梁桥的倒塌破坏与控制研究

5.13.1　工程背景

取 4×20 m 的某公路钢筋混凝土连续梁桥为原型桥,桥宽 12.6 m,为 6 片 T 梁。梁高 1.3 m,其中顶板厚度 24 cm,横隔板高 90 cm。翼缘宽 220 cm,跨中截面肋宽 18 cm,支点截面肋宽 30 cm,如图 5.65 所示。下部结构为双柱墩,盖梁高 12 cm,圆柱直径 10 cm,柱高 3.6 m,底梁高 100 cm,见图 5.66 所示:

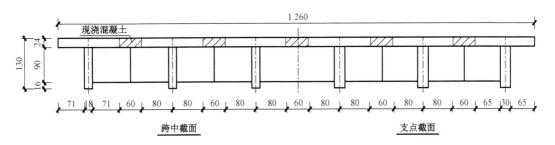

图 5.65　原型桥横断面图(单位:cm)

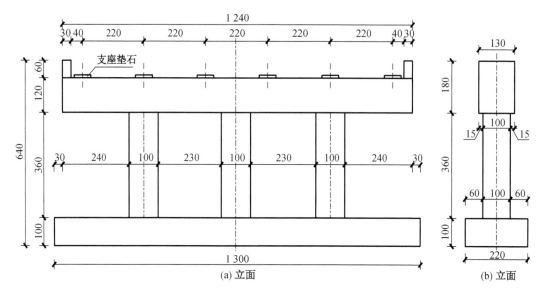

图 5.66　原型桥桥墩一般构造图(单位:cm)

5.13.2　模型相似比设计

本节的模型设计采用原型的材料来满足物理条件相似。几何条件相似指试验模型和原型的几何尺寸的相似性,本节的几何相似系数取为 1:3。为确定振动台试验模型与原型结构各物理量的相似关系,常采用量纲分析法进行分析,表 5.28 列出了各个物理量的相似关系。

表 5.28　桥梁模型相似关系

类型	物理量	量纲	关系式	相似系数
几何尺寸	长度	L	S_l	1/3
	面积	L^2	S_l^2	1/9
	线位移	L	S_l	1/3
材料特性	质量	M	$S_l^2 \cdot S_\sigma / S_a$	1/18
	密度	$M L^{-3}$	$S_\sigma / (S_l \cdot S_a)$	1.5
	应力	$M L^{-1} T^{-2}$	S_σ	1
	应变	1	S_σ / S_E	1
	弹性模量	$M L^{-1} T^{-2}$	S_σ	1
荷载	集中荷载	MLT^{-2}	$S_l^2 \cdot S_\sigma$	1/9
	弯矩	$M L^2 T^{-2}$	$S_l^3 \cdot S_\sigma$	1/27

续表 5.28

类型	物理量	量纲	关系式	相似系数
	时间	T	$S_l^{0.5} \cdot S_a^{-0.5}$	0.408
	频率	T^{-1}	$S_l^{-0.5} \cdot S_a^{0.5}$	2.499
动力指标	加速度	LT^{-2}	S_a	2.0
	重力加速度	LT^{-2}	1	1
	阻尼系数	MT^{-1}	$S_l^{1.5} \cdot S_\sigma \cdot S_a^{-0.5}$	0.136 1

5.13.3　模型设计

选取的原型桥长 40 m、宽 12 m,横截面形式为 T 形截面。本试验在福州大学土木工程试验教学中心的工程结构实验室三台阵系统中开展,台阵由 4.0 m×4.0 m 的中台(1♯台)和两个 2.50 m×2.50 m 的边台(2♯台、3♯台)组成,最大试件质量为 42 t。模型长度确定为14.2 m,仅选上部结构中的两片 T 梁支座模型,因此模型宽 1.28 m,上部结构平面布置和横断面设计见图 5.67 和图 5.68 所示。桥墩采用钢筋混凝土实心双柱墩,墩柱直径 30 cm,墩柱详细布置见图 5.69 所示。梁、墩混凝土标号为 C30,纵筋都为 HPB 235 级钢筋,皆为原

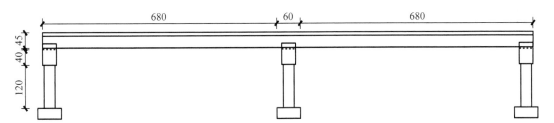

图 5.67　连续梁桥模型平面布置图(单位:cm)

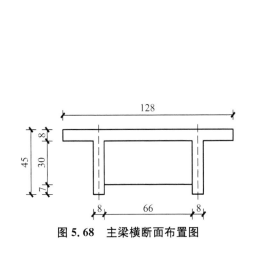

图 5.68　主梁横断面布置图

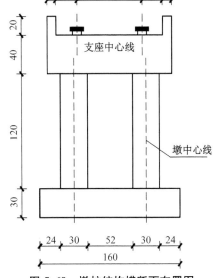

图 5.69　墩柱结构横断面布置图

材料,墩柱钢筋布置详见图 5.70 所示。根据相似比计算所需人工配重,再综合考虑实际振动台承载力和质量块设置的可行性,最终加载配重质量为 6 t。

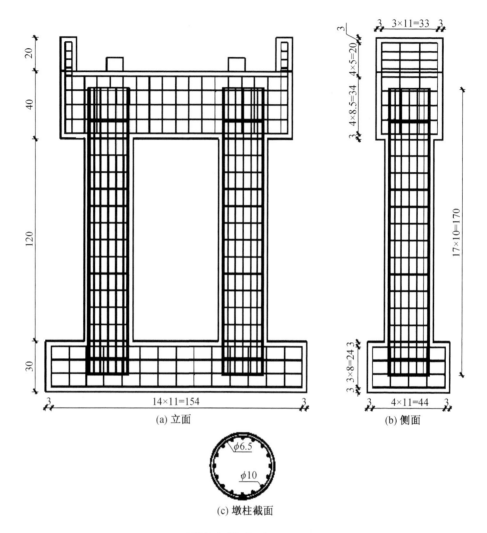

图 5.70 连续梁桥模型下部结构钢筋布置图

5.13.4 试验工况

实际试验中每个工况前都对模型结构先进行白噪声扫描,以测得模型结构自振特性中的频率和振型,从而确定模型结构动力学特性的变化,修正试验过程中振动台控制程序的迭代精度,提高试验的准确性。对普通橡胶支座体系连续梁模型,结构输入的 PGA 水平 X 向和水平 Y 向分别选为 $0.05g$、$0.1g$、$0.2g$,如表 5.29 和表 5.30 所示,保证结构不发生较大的损伤。之后又开展了隔震体系的连续梁模型试验,双向的地震动峰值加速度都分别采用 $0.05g$、$0.1g$、$0.2g$、$0.3g$、$0.4g$,输入的地震波工况详见表 5.31 和表 5.32 所示。

表 5.29　普通橡胶支座体系 PGA 为 0.05g 地震波输入工况

工况	输入	加速度峰值(g)	输入方向	工况	输入	加速度峰值(g)	输入方向
1	白噪声			13	白噪声		
2	Landers	0.05	X	14	El Centro	0.05	X
3	白噪声			15	白噪声		
4	Landers	0.05	Y	16	El Centro	0.05	Y
5	白噪声			17	白噪声		
6	Landers	0.05	$X+0.788Y$	18	El Centro	0.05	$X+0.615Y$
7	白噪声			19	白噪声		
8	Cerro Prieto	0.05	X	20	Chi-chi	0.05	X
9	白噪声			21	白噪声		
10	Cerro Prieto	0.05	Y	22	Chi-chi	0.05	Y
11	白噪声			23	白噪声		
12	Cerro Prieto	0.05	$X+1.076Y$	24	Chi-chi	0.05	$X+0.99Y$

表 5.30　普通橡胶支座体系 PGA 为 0.1g、0.2g 地震波输入工况

工况	输入	加速度峰值(g)	输入方向	工况	输入	加速度峰值(g)	输入方向
1	白噪声			12	El Centro	0.1	$X+0.615Y$
2	Cerro Prieto	0.1	X	13	白噪声		
3	白噪声			14	Chi-chi	0.1	X
4	Cerro Prieto	0.1	Y	15	白噪声		
5	白噪声			16	Chi-chi	0.1	Y
6	Cerro Prieto	0.1	$X+1.076Y$	17	白噪声		
7	白噪声			18	Chi-chi	0.1	$X+0.99Y$
8	El Centro	0.1	X	19	白噪声		
9	白噪声			20	El Centro	0.2	X
10	El Centro	0.1	Y	21	白噪声		
11	白噪声			22	El Centro	0.2	$X+0.615Y$

表 5.31　高阻尼橡胶支座体系 PGA 为 0.05g 地震波输入工况

工况	输入	加速度峰值(g)	输入方向	工况	输入	加速度峰值(g)	输入方向
1	白噪声			13	白噪声		
2	Landers	0.05	X	14	El Centro	0.05	X
3	白噪声			15	白噪声		
4	Landers	0.05	Y	16	El Centro	0.05	Y
5	白噪声			17	白噪声		
6	Landers	0.05	$X+0.788Y$	18	El Centro	0.05	$X+0.615Y$
7	白噪声			19	白噪声		
8	Cerro Prieto	0.05	X	20	Chi-chi	0.05	X
9	白噪声			21	白噪声		
10	Cerro Prieto	0.05	Y	22	Chi-chi	0.05	Y
11	白噪声			23	白噪声		
12	Cerro Prieto	0.05	$X+1.076Y$	24	Chi-chi	0.05	$X+0.99Y$

表 5.32　高阻尼橡胶支座体系 PGA 为 0.1g～0.3g 地震波输入工况

工况	输入	加速度峰值(g)	输入方向	工况	输入	加速度峰值(g)	输入方向
1	白噪声			16	Chi-chi	0.1	Y
2	Cerro Prieto	0.1	X	17	白噪声		
3	白噪声			18	Chi-chi	0.1	$X+0.99Y$
4	Cerro Prieto	0.1	Y	19	白噪声		
5	白噪声			20	El Centro	0.2	X
6	Cerro Prieto	0.1	$X+1.076Y$	21	白噪声		
7	白噪声			22	El Centro	0.2	$X+0.615Y$
8	El Centro	0.1	X	23	白噪声		
9	白噪声			24	Chi-chi	0.2	X
10	El Centro	0.1	Y	25	白噪声		
11	白噪声			26	Chi-chi	0.2	$X+0.615Y$
12	El Centro	0.1	$X+0.615Y$	27	白噪声		
13	白噪声			28	El Centro	0.3	$X+0.615Y$
14	Chi-chi	0.1	X	29	白噪声		
15	白噪声						

5.13.5 模型测点布置

(1) 动应变测点布置

试验中所采用的混凝土应变片为浙江黄岩测试仪器厂生产的 BX120-50AA 型混凝土应变片,电阻为 119.9 Ω±0.1 Ω,灵敏度系数为 2.08±0.01,敏感栅尺寸为 50 mm×3 mm。由于福州大学的振动台为水平三自由度,在水平激励下结构的变形是以弯曲变形为主,因此本次试验只在模型的各墩墩底、墩顶和 T 梁的跨中、中支点梁底粘贴混凝土应变片,测量墩底、墩顶竖向应变和 T 梁的弯曲正应变。在两片 T 梁四个跨中和中墩所在位置的箱梁底沿纵桥向粘贴 1 片混凝土应变片共计 6 片,1♯墩至 3♯墩的 6 个墩柱的柱顶、柱底竖直方向各粘贴 4 片共计 48 片,实际共计使用混凝土应变片 54 个。如图 5.71～图 5.73 所示:

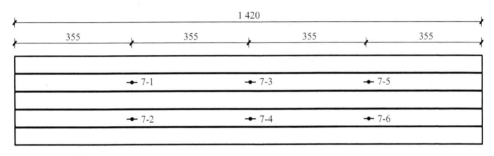

图 5.71 梁底纵向正应变测点布置图(单位:cm)

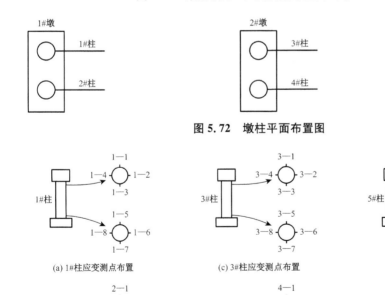

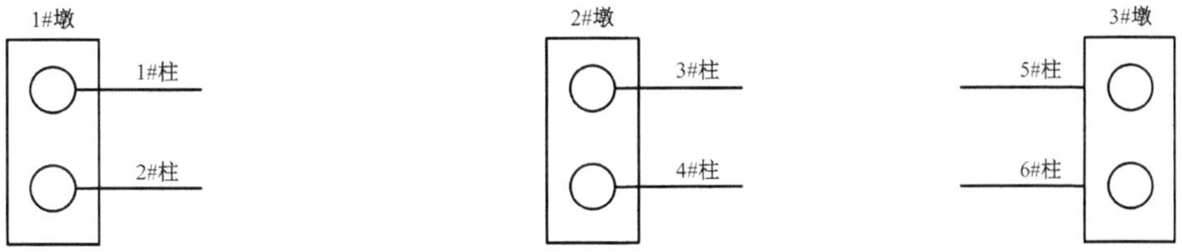

图 5.72 墩柱平面布置图

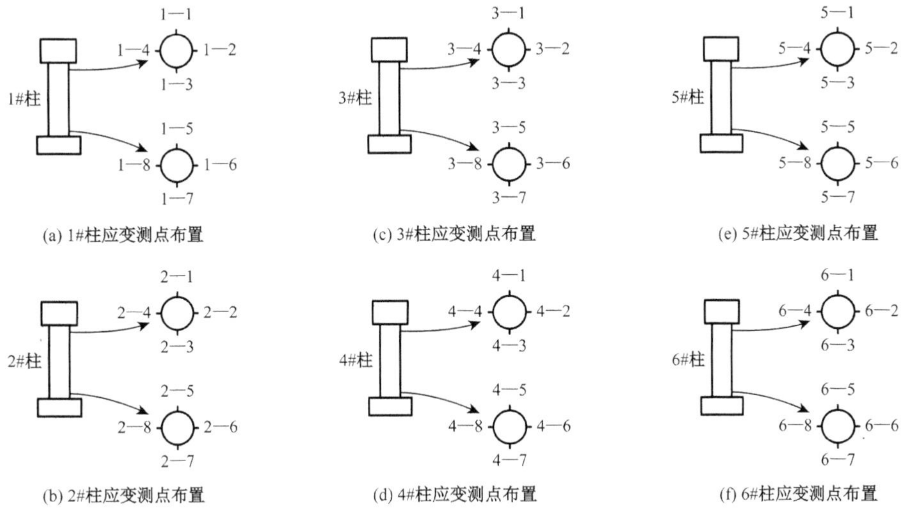

(a) 1#柱应变测点布置　　(c) 3#柱应变测点布置　　(e) 5#柱应变测点布置

(b) 2#柱应变测点布置　　(d) 4#柱应变测点布置　　(f) 6#柱应变测点布置

图 5.73 墩柱测点布置图

(2) 加速度测点布置

在振动台台阵试验各工况下总共布置了 27 个加速度传感器,其中在 T 梁顶部中心线上布置了 9 个三向的加速度传感器,分别位于三个墩支撑线位置、两跨跨中以及四个四分点处;在三个墩的盖梁、墩顶分别各布置了一个横向和纵向加速度传感器,共计 6 个横向加速度传感器和 6 个纵向加速度传感器;为检验地震波试验实际输入加速度的大小,在三个台面共布置 3 个横向加速度传感器和 3 个纵向加速度传感器。具体测点布置及测点编号如图 5.74 所示:

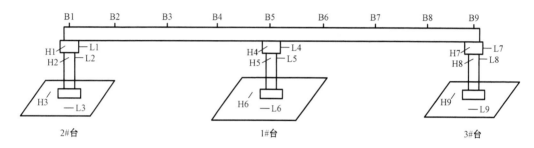

图 5.74　振动台试验连续梁模型和台面加速度传感器布置图

(3) 动位移测点

结构在地震作用下的位移响应是研究地震对结构作用的重要参数,试验过程中地震波的输入有水平单向和水平双向,结构两个方向刚度的不同对结构位移的影响不可忽略,因此测量结构纵向和横向位移都是必要的。振动台试验的位移变化迅速,若采用普通拉线位移计将无法采集到准确位移甚至采集不到任何位移值,因此本试验的位移测点都选用激光位移计进行测量。由于激光位移计数量有限,仅对 1♯墩和相应自由梁端的横向、纵向位移进行测量。试验中 2 个激光位移计测量 1♯墩墩顶纵桥向、横桥向位移(DH1、DL1),2 个激光位移计测量相应自由梁端纵桥向、横桥向位移(DH2、DL2),位移测点布置如图 5.75 所示:

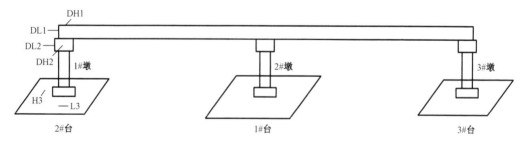

图 5.75　位移计布置图

第6章
东南大学大型地震模拟振动台

6.1 建设目标

6.1.1 台面承载力与台面尺寸

一般认为:台面尺寸 2.0 m 以下为小型振动台,6.0 m 以上为大型振动台,实验中心拟建的主台面尺寸为 6 m×9 m,最大负载 100 t 以上,基本上可以定位为大型振动台。表 6.1 统计了最近 15 年国内建设完成的振动台项目;表 6.2 中列出了部分国外大型的振动台,表 6.3 列示了国内的部分振动台。

表 6.1 近 15 年来国内已建成的主要振动台一览

单位	建设年份	台面尺寸(m×m)	台面数量	备注
同济大学	2011	4.0×6.0	4	建成
福州大学	2011	4.0×4.0/2.5×2.5	3	建成
中南大学	2010	4.0×4.0	2	建成
西南交通大学	2017	10.0×8.0	1	建成
清华大学	2006	1.5×1.5	2	建成
重庆交通科研设计院	2003	3.0×6.0	2	建成
苏州电器科学研究院(EETI)	2009	4.0×4.0	2	建成
西安建筑科技大学	2010	4.1×4.1	1	建成
中国核动力设计研究院	2003	6.0×6.0	1	建成
中国建筑科学研究院	2004	6.1×6.1	1	建成
中国地震局工程力学研究所	2009	5.0×5.0/3.5×3.5	2	建成
昆明理工大学	2009	4.0×4.0	1	建成

表 6.2 国外部分大型振动台规模统计

单位	建设年份	台面尺寸(m×m)	最大有效荷载(t)	激振方向
日本科技厅防灾科学技术研究中心	1970	15.0×15.0	500	X 或 Z(单向)
日本原子能研究中心	1983	15.0×15.0	1 000	X、Y

续表6.2

单位	建设年份	台面尺寸（m×m）	最大有效荷载(t)	激振方向
日本国铁研究所	1979	12.0×8.0	400	X
日本爱知工业大学	2013	6.0×11.0	136	X
日本建设省	1996	8.0×8.0	100	X,Y,Z
加利福尼亚大学圣地亚哥分校	2004	12.2×7.6	2 000	X

表6.3 国内部分振动台规模统计

单位	建设年份	台面尺寸（m×m）	最大有效荷载(t)	倾覆力矩（kN·m）	激振方向
同济大学	2011	4.0×6.0	70/30	400/200	三自由度
重庆交通科研设计院	2003	6.0×3.0	35	700	六自由度
苏州电器科学研究院(EETI)	2009	4.0×4.0	20	400	六自由度
西安建筑科技大学	2010	4.1×4.1	30	800	六自由度
中国核动力设计研究院	2003	6.0×6.0	60	1 200	六自由度
中国建筑科学研究院	2004	6.1×6.1	60	1 800	六自由度
中国地震局工程力学研究所	2009	5.0×5.0	30	800	六自由度
中国地震局工程力学研究所	2009	3.5×3.5	6	400	六自由度
重庆大学	2011	6.1×6.1	60	1 800	六自由度
福州大学	2011	4.0×4.0	22	600	六自由度
福州大学	2011	2.5×2.5	10	200	六自由度
昆明理工大学	2009	4.0×4.0	20	300	三自由度
中南大学	2010	4.0×4.0	22	300	六自由度
长安大学	2013	3.0×3.0	10	300	六自由度
华南理工大学	2009	4.0×4.0	20	300	六自由度
兰州理工大学	2013	4.0×4.0	15	300	六自由度

从上述统计表格中可以看出，在建或在使用的振动台多为中型振动台，台面尺寸多在4～6 m间，负载能力多在20～60 t间。

6.1.2 性能指标

振动台的运动参数主要包括位移、速度、加速度响应能力和频率响应范围两个方面，一般可根据典型地震动、规范规定的地震动参数的某一倍数、参考同等或相近规模的振动台参数三个途径确定。

（1）加速度

振动台试验的主要目的在于考察结构在地震动作用下的弹塑性地震响应乃至失效过程。

尽管各规范的设防目标有所不同,但均规定只有在罕遇地震作用下结构才能表现出较为明显的弹塑性行为。也就是说,在选择振动台的加速度指标时应以罕遇地震对应的加速度值为起点,并提高一定的倍数,才能满足振动台试验的目的。我国《建筑抗震设计规范》规定的罕遇地震加速度为 $0.62g$(9 度区),《铁路工程抗震设计规范》规定的罕遇地震加速度为 $0.64g$,《公路桥梁抗震设计细则》规定的 E2 地震加速度为 $0.68g$,拟建 6.0 m×9.0 m 振动台的最大加速度为 $1.5g$,大约为上述规范规定的罕遇地震加速度的 2 倍。

从典型地震动参数来说,表 6.4 列出了在近 30 年来受灾严重的几个地震中实测的最大加速度,这些地震中所获得的地震记录也是工程抗震研究的典型地震记录,若加速度响应能力与这些地震的最大加速度相适应,则可基本满足强地震动作用下的结构地震响应研究的要求。

表 6.4　典型地震动最大加速度(g)

地震名称	东西	南北	竖向
汶川地震	0.958	0.653	0.948
唐山	0.612		
集集	0.989	0.792	0.719
阪神	0.617	0.818	0.332
北岭	1.82(水平)		1.18
伊兹米特	0.374	0.315	0.48
圣·费尔南多	1.148	1.055	0.696
洛马·普利埃塔	0.618	0.431	0.469

由表 6.4 可以看出水平加速度在 $0.374g$~$1.82g$ 之间,最大的为美国北岭地震,在 9 个地震中,有 6 个地震的最大水平地震动在 $0.5g$~$1.2g$ 间;竖向加速度则在 $0.332g$~$1.18g$ 间。实验室拟建的 6 m×9 m 振动台加速度响应能力为水平向 $1.5g$,竖向加载能力为 $1.3g$ 与表 6.4 中最大加速度相近。

对于加速度响应的频率范围,我国《建筑抗震设计规范》规定的反应谱周期范围为 0~6 s,对应的频率为 0.17 Hz~∞;《铁路工程抗震设计规范》规定的反应谱的周期范围为0~10 s,对应的频率为 0.1 Hz~∞;《公路桥梁抗震设计细则》规定的反应谱的周期范围与《铁路工程抗震设计规范》相同。在上述规范的规定中频率上限∞并无实际意义,在原型地震加速度时程中,有效的频率范围通常在 0.1~10 Hz 之间,大于 10 Hz 的频率分量所含能量较少。考虑模型试验通常是缩尺模型,缩尺后模型频率会增大,根据模型相似率的要求,模拟地震波的频率要升高,相关文献表明,对于中型地震台,其频率范围通常在 0.1~50 Hz,对于大型振动台由于模型比例较大,频率范围可适当降低。所以拟建振动台频率范围选择 0.1~50 Hz 之间。

规范规定的罕遇地震峰值加速度为:0.6～0.7g。6.0 m×9.0 m振动台加速度响应能力为水平向1.5g,竖向1.3g,水平向、竖向均与上述地震动的最大加速度相近,适应强震要求。部分大、中型振动台频率响应范围及加速度、速度统计见表6.5所示:

表6.5 部分大、中型振动台频率响应范围及加速度、速度统计

单位	建设年份	台面尺寸 (m×m)	频率响应 范围(Hz)	加速度 (g)	速度 (m/s)	激振 方向
日本科技厅防灾科学技术研究中心	1970	15.0×15.0	0～50	1.8/1.0	0.37	X/Z分动
日本国铁研究所	1979	12.0×8.0	0～20	0.8	0.4	X
日本爱知工业大学		6.0×11.0		1.0		X
日本建设省	1996	8.0×8.0	0～30	2.0/1.0	2.0/1.0	XYZ
加利福尼亚大学圣地亚哥分校	2004	12.2×7.6	0.1～30	1.8	1.0	X
美国结构工程与地震模拟试验室	2004	3.0×3.0	0.1～50	1.15/1.15	1.25/0.8	XYZ
西班牙格拉纳达大学	2008	3.0×3.0	0.1～50	1.0/1.0	1.0/1.0	XY
国家地震研究中心(阿尔及利亚)	2010	6.0×6.0	0.1～50	1.0/0.8	1.1/0.8	XYZ
印度甘地原子能研究中心	2010	6.0×6.0	0～50	1.5/1.0	1.2/0.9	XYZ
伊朗国际地震工程研究院	2008	6.0×6.0	0.1～100	1.0/0.8	0.8/0.6	XYZ
韩国釜山大学	2009	4.0×4.0	0.1～60	1.5/1.0	1.25/0.8	XYZ
韩国釜山大学	2009	5.0×5.0	0.1～60	1.25	1.25	XY
同济大学	2011	4.0×6.0	0.1～50	1.5/1.5	1.0/1.0	XYZ
重庆交通科研设计院	2003	6.0×3.0	0.1～50	1.5/1.0	1.0/1.0	XYZ
重庆大学	2011	6.0×6.0	0.1～50	1.5/1.2	1.2/1.0	XYZ
苏州EETI	2009	4.0×4.0	0.1～50	1.5/1.3	1.5/1.0	XYZ
西安建筑科技大学	2010	4.0×4.0	0.1～60	1.25/1.0	1.2/0.9	XYZ
中国核动力设计研究院	2003	6.0×6.0	0.1～80	1.0/1.0	0.8/0.8	XYZ
中国建筑科学研究院	2004	6.0×6.0	0.1～50	1.5/1.0	1.25/0.8	XYZ
中国地震局工程力学研究所	2009	5.0×5.0	0.1～100	2.0/1.5	1.5/1.2	XYZ
中国地震局工程力学研究所	2009	3.5×3.5	0.1～100	4.0/3.0	2.5/1.5	XYZ
福州大学	2011	4.0×4.0	0.1～50	1.5/1.5	1.2/1.0	XYZ
福州大学	2011	2.5×2.5	0.1～50	1.5/1.5	1.2/1.0	XYZ

续表 6.5

单位	建设年代	台面尺寸 （m×m）	频率响应 范围（Hz）	加速度 （g）	速度 （m/s）	激振 方向
中南大学	2010	4.0×4.0	0.1～50	1.0/1.0	1.0/1.0	XYZ
长安大学	—	3.0×3.0	0.1～50	1.0/1.0	1.0/10	XYZ
华南理工大学	2009	4.0×4.0	0.1～50	1.0/1.0	1.0/10	XYZ
兰州理工大学	—	4.0×4.0	0.1～50	1.0/1.0	1.0/10	XYZ

（2）速度

从设备角度来说，速度主要受液压泵站供油能力的限制，速度越高，对供油能力的要求越高，同时，速度响应能力与加速度响应能力应是相协调的。

目前，规范规定的地震动参数一般按加速度进行，未对速度做专门要求。从抗震研究的角度，速度的意义主要体现在对近断层地震动效应的研究上，因为近断层地震动包含有较为丰富的低频成分，往往会出现较大的速度，对速度加载能力要求较高，因此在选择速度响应能力时，需从近断层地震动的角度来考察。

在台湾集集地震中获得了近 200 条记录完整的近断层地震动记录，是目前近断层地震动效应研究中常用的地震记录，表 6.6 中给出了其中 38 个台站的 114 条记录的加速度峰值和速度峰值，同时还给出了汶川地震中 3 个台站的 9 条近断层记录加速度峰值和速度峰值，此外将较为典型 Northridge 波、Mayagi-coast 波、Hyuganana 波、Park filde 波、Hyugoken 波也一并列于表中供参考，共考察了 48 个台站的地震记录。表中 CHY 和 TCU 均为集集地震的近断层地震动记录参数。表 6.7 中进一步统计了不同 PGA 区间的地震动数量。

表 6.6　汶川地震典型近断层地震加速度峰值与速度峰值

台站	断层距 （km）	方向	PGA （m/s²）	PGV （m/s）	PGD （m）	台站	断层距 （km）	方向	PGA （m/s²）	PGV （m/s）	PGD （m）
卧龙	16	NS	6.52	0.385	0.147	清平	1.9	NS	7.87	0.583	0.39
		EW	9.58	0.511	0.123			EW	8.51	1.06	0.747
		UD	9.48	0.202	0.126			UD	4.99	0.393	0.222
八角	7.9	NS	5.82	0.695	0.336	Mayagi Coast	—	NS			
		EW	5.56	0.625	0.248			EW	0.326 2	1.063 6	
		UD	6.33	0.436	0.309			UD			
Hyuga- nana	—	NS	0.341	1.407	—	Park filde	—	NS	0.274	−0.06	—
		EW						EW			
Hyugo- ken1	—	NS	0.781	0.905	—	Hyugo- ken2	—	NS	0.477	0.849	—
		EW						EW			
North- ridge1	—	NS	8.823	0.418	—	North- ridge2	—	NS	6.038	0.788	—
		EW						EW			

续表 6.6

台站	断层距 (km)	方向	PGA (m/s²)	PGV (m/s)	PGD (m)	台站	断层距 (km)	方向	PGA (m/s²)	PGV (m/s)	PGD (m)
CHY 024	8.75	NS	1.621	0.429	0.343	TCU 054	5.31	NS	1.902	0.448	1.200
		EW	2.763	0.512	0.959			EW	1.431	0.459	1.216
		UD	1.414	0.469	0.279			UD	1.329	0.297	0.287
CHY 025	18.50	NS	1.520	0.330	0.281	TCU 056	10.52	NS	1.403	0.402	0.587
		EW	1.586	0.512	0.608			EW	1.538	0.418	1.031
		UD	1.697	0.377	0.328			UD	1.168	0.414	0.465
CHY 101	10.12	NS	3.901	1.084	0.841	TCU 057	11.18	NS	1.002	0.498	0.516
		EW	3.327	0.666	0.653			EW	1.113	0.404	1.011
		UD	1.621	0.279	0.484			UD	0.815	0.335	0.340
TCU 048	13.25	NS	1.755	0.475	0.698	TCU 060	8.23	NS	1.011	0.434	0.724
		EW	1.169	0.363	0.940			EW	1.968	0.371	1.083
		UD	0.973	0.252	0.240			UD	—	—	—
TCU 049	3.26	NS	2.419	0.595	1.127	TCU 063	9.04	NS	1.299	0.825	0.627
		EW	2.733	0.569	1.266			EW	1.794	0.437	0.987
		UD	1.779	0.273	0.233			UD	1.330	0.572	0.437
TCU 050	8.77	NS	1.281	0.439	0.766	TCU 065	0.10	NS	5.635	0.925	3.738
		EW	1.427	0.399	1.068			EW	7.743	1.321	2.888
		UD	0.867	0.427	0.313			UD	2.577	0.691	0.572
TCU 051	7.67	NS	2.307	0.407	1.451	TCU 067	0.46	NS	3.127	0.556	1.116
		EW	1.567	0.511	1.231			EW	4.887	0.977	0.868
		UD	1.097	0.302	0.294			UD	2.304	0.515	0.850
TCU 052	1.76	NS	4.386	2.202	7.176	TCU 068	1.46	NS	3.644	2.914	8.641
		EW	3.487	1.806	4.971			EW	5.015	2.808	7.121
		UD	1.939	1.693	4.075			UD	5.194	2.288	4.550
TCU 053	5.13	NS	1.320	0.440	1.010	TCU 071	10.59	NS	6.390	0.828	2.618
		EW	2.248	0.429	1.177			EW	5.178	0.701	1.687
		UD	1.208	0.322	0.263			UD	4.155	0.593	2.265
TCU 072	13.27	NS	3.705	0.692	2.453	TCU 102	0.34	NS	1.689	0.715	1.059
		EW	4.665	0.877	2.307			EW	2.983	0.873	1.670
		UD	2.748	0.388	1.244			UD	1.733	0.681	0.517

续表 6.6

台站	断层距 （km）	方向	PGA （m/s²）	PGV （m/s）	PGD （m）	台站	断层距 （km）	方向	PGA （m/s²）	PGV （m/s）	PGD （m）
TCU 074	26.68	NS	—	—	—	TCU 103	5.47	NS	1.492	0.220	0.690
		EW	5.859	0.703	1.977			EW	1.264	0.686	1.008
		UD	2.701	0.249	0.713			UD	1.422	0.609	0.586
TCU 075	0.33	NS	2.573	0.370	0.612	TCU 104	12.33	NS	0.869	0.481	0.724
		EW	3.254	1.161	1.704			EW	1.014	0.310	0.711
		UD	2.238	0.500	0.380			UD	0.903	0.235	0.308
TCU 076	2.17	NS	4.199	0.632	0.735	TCU 109	12.59	NS	1.591	0.559	0.668
		EW	3.402	0.690	1.072			EW	1.490	0.550	0.874
		UD	2.754	0.328	0.320			UD	1.330	0.238	0.198
TCU 078	14.39	NS	3.024	0.323	1.078	TCU 116	11.77	NS	1.327	0.528	0.481
		EW	4.395	0.436	1.272			EW	1.853	0.397	0.801
		UD	—	—	—			UD	1.189	0.344	0.273
TCU 079	19.48	NS	4.169	0.315	0.842	TCU 120	6.92	NS	1.934	0.351	0.365
		EW	5.774	0.677	1.659			EW	2.230	0.626	1.080
		UD	3.838	0.231	0.429			UD	1.665	0.355	0.224
TCU 082	5.67	NS	1.825	0.433	1.064	TCU 122	9.07	NS	2.556	0.429	0.393
		EW	2.210	0.516	1.519			EW	2.074	0.446	0.925
		UD	—	—	—			UD	2.360	0.410	0.318
TCU 084	19.50	NS	4.228	0.542	1.248	TCU 129	1.77	NS	6.098	0.549	0.646
		EW	9.891	1.162	2.382			EW	9.817	0.681	1.282
		UD	—	—	—			UD	—	—	—
TCU 089	15.27	NS	2.252	0.341	1.293	TCU 136	7.46	NS	1.708	0.529	0.861
		EW	3.473	0.463	2.350			EW	1.668	0.433	1.040
		UD	—	—	—			UD	1.116	0.334	0.330
TCU 100	10.59	NS	1.113	0.434	0.608	TCU 138	9.64	NS	2.075	0.385	0.383
		EW	1.079	0.404	0.999			EW	2.022	0.337	0.792
		UD	0.838	0.392	0.349			UD	1.103	0.257	0.218

表 6.7 典型近断层地震速度峰值统计

PGV(m/s) 区间	<0.2	0.2~0.4	0.4~0.6	0.6~0.8	0.8~1.0	1.0~1.2	1.2~1.4	1.4~1.6	>1.6
水平	2	15	40	15	10	6	1	2	4
竖向	0	21	9	3	0	1	0	0	2

从表 6.7 中可以看出,对于近断层地震动,水平速度范围一般在 0.2~1.2 m/s 间,大于 1.2 m/s 的记录仅 7 条,竖向速度一般在 0.2~0.8 m/s 间,大于 0.8 m/s 的速度仅 3 条。由此可见,从近断层地震动的研究来看,振动台的速度水平响应上限应在 1.2 m/s 左右。拟建设振动台台面水平峰值速度为 1.5 m/s,竖向速度可以选得相对小些,约 1.2 m/s。

(3) 位移

最大位移在地震记录中往往较大,且体现在极低频段,此位移对建筑物不易引起破坏,对人体的影响也较小。但需注意,作动器的最大位移应与加速度加载能力相协调,否则可能出现因位移受限而不能完成额定的加速度加载的要求,这点在东南大学 4.0 m×6.0 m 振动台上也是常会碰到的问题之一。在近断层地震动效应的研究中由于地震波中包含丰富的低频成分,往往出现较大的位移。近断层地震动是导致地震中结构严重破坏的重要因素,也是近年来工程地震和结构抗震研究的热点问题之一。表 6.8 是典型近断层地震动位移峰值统计,表 6.9 是国内外部分大、中型振动台容许位移。

表 6.8 典型近断层地震位移峰值统计

PGD(m)范围	0~0.2	0.2~0.4	0.4~0.6	0.6~0.8	0.8~1.1	>1.1
水平波	2	8	3	16	29	22
竖向波	2	20	7	1	1	4

表 6.9 国内外部分大、中型振动台容许位移

单位	建设 年份	台面尺寸 (m×m)	X 位移 (m)	Y 位移 (m)	Z 位移 (m)	备注
日本科技厅防灾科学技术研究中心	1970	15.0×15.0	±0.03	—	0.03	X/Z 分动
日本国铁研究所	1979	12.0×8.0	±0.05	—	—	X/Z 分动
日本爱知工业大学	—	6.0×11.0	±0.15	—	—	X
日本建设省	1996	8.0×8.0	0.60	0.60	0.30	XYZ
日本科技厅防灾科学技术研究中心	1998	6.0×6.0	1.0	1.00	0.50	XYZ
加利福尼亚大学圣地亚哥分校	2004	12.2×7.6	0.75	—	—	X

续表6.9

单位	建设年份	台面尺寸（m×m）	X位移（m）	Y位移（m）	Z位移（m）	备注
美国结构工程与地震模拟试验室	2004	3.0×3.0	0.15	0.15	0.75	XYZ
西班牙格拉纳大学	2008	3.0×3.0	0.25	0.25	—	XY
国家地震研究中心（阿尔及利亚）	2010	6.0×6.0	0.25	0.15	0.10	XYZ
印度甘地原子能研究中心	2010	6.0×6.0	0.15	0.15	0.10	XYZ
伊朗国际地震工程研究院	2008	6.0×6.0	0.15	0.15	0.10	XYZ
韩国釜山大学	2011	4.0×6.0	0.50	0.50	0.50	XYZ
韩国釜山大学	2009	4.0×4.0	0.30	0.20	0.15	XY
同济大学	2011	4.0×6.0	0.30	0.20	—	XYZ
重庆交通科研设计院	2003	3.0×6.0	0.25	0.25	0.25	XYZ
苏州 EETI	2009	4.0×4.0	0.50	0.50	0.15	XYZ
重庆大学	2011	6.1×6.1	0.25	0.25	0.20	XYZ
西安建筑科技大学	2010	4.1×4.1	0.15	0.25	0.10	XYZ
中国核动力设计研究院	2003	6.0×6.0	0.25	0.25	0.25	XYZ
中国建筑科学研究院	2004	6.1×6.1	0.25	0.25	0.10	XYZ
中国地震局工程力学研究所	2009	5.0×5.0	0.50	0.50	0.20	XYZ
中国地震局工程力学研究所	2009	3.5×3.5	0.25	0.25	0.20	XYZ
福州大学	2011	4.0×4.0	0.25	0.25	0.25	XYZ
福州大学	2011	2.5×2.5	0.25	0.25	0.25	XYZ
中南大学	2010	4.0×4.0	0.125	0.125	0.08	XYZ
长安大学	—	3.0×3.0	0.125	0.125	0.125	XYZ
华南理工大学	2009	4.0×4.0	0.125	0.125	0.08	XYZ
兰州理工大学	—	4.0×4.0	0.125	0.125	0.08	XYZ
昆明理工大学	2009	4.0×4.0	0.125	0.125	0.08	XYZ

6.1.3　主要技术参数

东南大学拟建大型地震模拟振动台的主要技术参数：

（1）台面尺寸：　　　　　　　　　　6.0 m×9.0 m

（2）振动方向：　　　　　　　　　　六自由度

（3）最大试件质量：　　　　　　　　120 t

（4）台面自重：　　　　　　　　　　75 t

（5）台面最大位移：　　　　　　　　X/Y：±500 mm；Z：±300 mm

（6）台面满载最大加速度：　　　　　X向1.5g；Y向1.5g；Z向1.3g

（7）台面连续正弦波振动速度：　　　　　1 000 mm/s

（8）台面地震波振动（10 s）的峰值速度：　1 500 mm/s

（9）最大倾覆力矩：　　　　　　　　　　6 000 kN·m

（10）最大偏心力矩　　　　　　　　　　1 800 kN·m

（11）最大偏心：　　　　　　　　　　　1.5 m

（12）工作频率范围：　　　　　　　　　0.1～50 Hz

（13）振动波形：　　　　　　　　　　　周期波、随机波、地震波

（14）控制方式：　　　　　　　　　　　数控

（15）油源工作时间及压力　　　　　　　连续工作 72 h，压力 21～28 MPa

（16）数据采集系统　　　　　　　　　　256 通道

6.2 配套建设项目

相关配套的建设项目主要有：

- 占地 50 m×60 m，净高 24 m，净跨 30 m 的实验室大厅、附属办公设施及相关的土建设施。
- 模型加工及制造、检测、标定等实验设备及场地。
- 数据采集、振动测试分析、设计分析系统。
- 相关的配套 2 700 kW 以上电力、6 000 L 以上油源、600 t/h 以上的冷却水系统。
- 两台 50 t 大型吊车。
- 振动台大型反力质量基础。
- 振动台操作控制室等。

图 6.1、图 6.2 给出了新校区新土木实验大楼的平面布置情况。

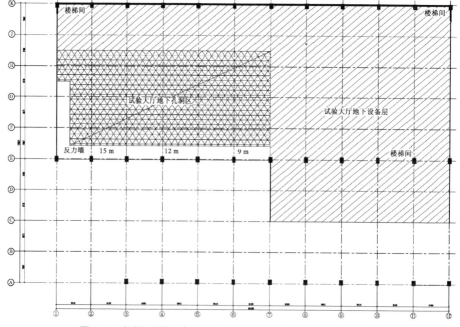

图 6.1　新校区新土木实验大楼台座及反力基础布置示意图

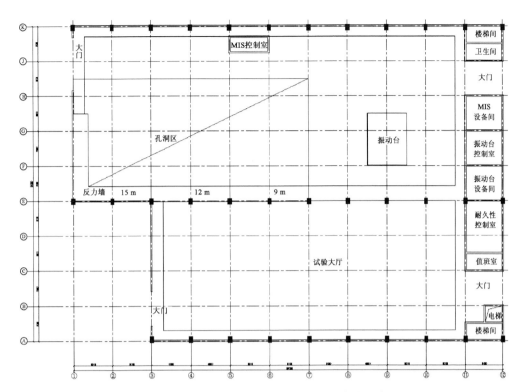

图 6.2　新校区新土木实验大楼一层平面布置示意图

第7章
振动台试验案例

7.1 河海大学振动台试验案例

7.1.1 电气机柜抗震检测试验方案

(1) 试验对象

本部分试验安全主要研究对象为各类电气机柜、户外机柜、核电站电气机械设备等,主要是针对设备原型的抗震试验研究。根据机柜所使用的环境不同,可分为常规机柜抗震试验和核电设备抗震试验,一般用于核电站的设备对试验要求的等级更高一些。

(2) 试验目的

通过在模拟地震振动台上的地震振动试验,研究试验对象的动力特性,考核试验对象的刚度、强度等机械性能,验证试验对象设计和加工的合理性,分析试验结果,为试验对象的设计、修改提供依据。

(3) 依据标准

电气机柜根据其使用目的不同可以采用不同的试验标准,目前常用的试验标准及文件如下:

① GB 50260—2013《电力设施抗震设计规范》;

② GB/T 2424.25—2000(idt IEC 68-3-3:1991)《电工电子产品环境试验 第3部分:试验导则 地震试验方法》;

③ GB/T 2423.48—2008(idt IEC 68-2-57:1999)《电工电子产品环境试验 第2部分:试验方法 试验Ff:振动-时间历程法》;

④ IEC60068-2-57—2013 Environmental Testing-Part 2-57: Tests-Test Ff: Vibration-Time-History and Sine-Beat Method;

⑤ GB/T 18663.2—2007《电子设备机械结构 公制系列和英制系列的试验 第2部分:机柜和机架的地震试验》;

⑥ GB 13625—1992《核电厂安全系统电气设备抗震鉴定》;

⑦ GB 50011—2010《建筑抗震设计规范》;

⑧ GB 50267—1997《核电厂抗震设计规范》;

⑨ GB 50556—2010《工业企业电气设备抗震设计规范》;

⑩ HAFJ0053《核设备抗震鉴定试验指南》。

（4）常规机柜的试验内容及要求

常规机柜的抗震试验过程主要包括功能检测（基准试验）、动态特性试验、地震动力反应试验、功能检测（对比试验）等几个过程，其中功能检测主要是进行机柜的外观检查、各连接部件检查、各电气信号功能检测以及机柜可操作部件的操作检查。功能检测在地震动力试验前后各进行一次，通过两次试验的比对来评估地震动力试验对机柜外观及功能的影响。动态特性试验是为得到机柜的动力特性，如频率、振型、阻尼比等，动态特性试验在地震动力反应试验前后各进行一次，通过分析对比前后两次动态特性试验得到的设备频率来评估设备经历地震后的刚度是否改变，以便评估设备的抗震性能。地震动力反应试验是最主要的试验内容，主要为研究机柜在经历所要求的地震等级时是否会发生损坏。

1）功能检测（基准试验）

在所有试验研究之前，对试验对象（机柜）进行基准测试，确认试验对象在通电状态下主要功能部件电气性能是否正常；同时检查机柜的完整性、机械性能、外观等，检查柜门开启是否正常等。

2）动态特性试验

通过输入持续时间不少于 120 s、振幅为 2.00 m/s^2、频率范围为 0～50 Hz 的白噪声随机波，激励试验样机。输入的白噪声在每一正交轴方向同时进行激励，测试并分析设备的自振频率和阻尼比，研究其自振特性。

3）地震动力反应试验

依据所选规范、设备安装场地类别、抗震设防烈度等确定试验要求反应谱（Required Response Spectrum，RRS），通过专用计算程序，生成反应谱包络 RRS 的复频人工地震波时间历程。通过在振动台控制系统上输入所生成的人工地震波时间历程对被检测设备进行激励，通过布置在被检测设备上的各种传感器得到相应位置的加速度、应变等数据。同时观察记录振动过程中被检测设备的各种可视响应。

需要说明的是，有些规范或试验要求单位仅提出机柜所安装的场地抗震设防烈度，但机柜可能安装在二楼或以上楼层，在此情况下，在生成试验人工地震波时需要对规范谱生成的地震波进行一定比例的放大，以便考虑建筑物对地震响应的放大作用。

4）动态特性比对试验

再次进行白噪声激励，探测电气设备的动态特性，并与震前所得的设备动态特性进行对比，评价被测设备经过人工地震波激励之后的情况。

5）功能检测（对比试验）

在上述试验完成后，对机柜进行功能检测试验，以确定设备在地震后的电气功能，并检查样机的有关机械性能。

6）电气信号监测

当机柜内安装有控制电气设施时，在抗震试验时有时需要测试地震过程中电气设备的信号，此时，需要将电气信号改变成采集系统能够识别的信号，由采集系统在采集加速度、位移、应变信息时同步采集电气信号。对于有些电气设备，规范要求在地震之后应该具备可控操作功能，这样可以在地震过程中不进行电气信号的采集，而仅在地震动力反应试验之后再次检测操作设备的控制面板或控制菜单，检查设备的各样功能指标。

（5）核电设备的抗震试验内容及要求

当电气机柜用于核电站时，根据相关规范要求，需要对机柜进行抗震鉴定试验。此类试验与常规的电气机柜抗震试验的主要区别在于地震动力反应试验这个部分，该部分试验所需要的地震反应谱与常规电气机柜抗震试验所需要的反应谱不同。核电设备抗震规范的试验要求反应谱一般即为设备试验所需要的反应谱，根据此反应谱生成的人工地震波一般不再需要根据设备的安装高程进行放大。

抗震鉴定试验时，需要对试验对象进行安全停堆地震试验(SL2 或 SSE)和运行基准地震试验(SL1 或 OBE)。在试验时，一般对机柜先进行 5 次 SL1 地震模拟试验，然后再进行 1 次 SL2 地震试验。根据规范要求，对于电气机柜设备，也可以采用 2 次 SL2 试验代替 5 次 SL1 试验。

（6）常规机柜抗震试验案例

1）样机简介

某电气机柜内置电气控制装置，机柜为门板内嵌式钢结构柜，机柜骨架由 Q235 厚 2.5 mm 冷轧钢板制成，前门为玻璃门，后门为双开门铰链式安装，两侧门为螺钉连接形式，机柜前后均为 19′机架式，可安装标准 19′装置，并能较好地在发生地震时保护机柜内部装置的正常运行。样机结构尺寸及布置详见图 7.1 所示：

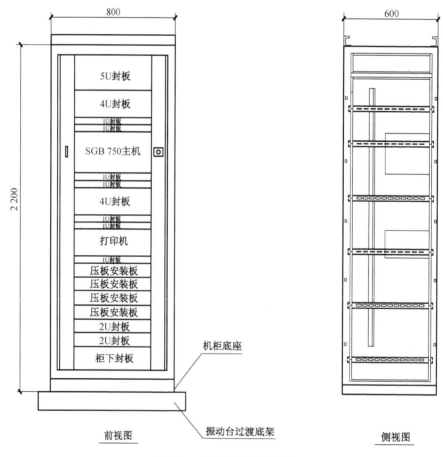

图 7.1 机柜尺寸及布置图

2）电气机柜的安装

电气机柜与振动台的连接由特制转换底架过渡，转换底架由 18♯槽钢加工并与振动台台面用 4 只 M24 螺栓固定；样机由 4 个 M12 螺栓与转换底架连接固定（图 7.2）。

为描述方便，定义样机前面板法线方向为 X 向，侧面板的法线方向为 Y 向，样机竖直向为 Z 轴向，坐标系参见图 7.2 所示：

图 7.2　电气机柜坐标系定义及现场安装图

3）测点布置

试验时在机柜上布置水平、垂直双向加速度测点 5 个，共 10 通道，用于检测样机各部位 X、Y、Z 三个方向的加速度响应。详见图 7.3 及表 7.1 所示：

表 7.1　机柜加速度测点布置表

测点	方向	位置	测试内容
A1	水平	机柜柜顶	加速度
A1	垂直	机柜柜顶	加速度
A2	水平	线路保护测控装置	加速度
A2	垂直	线路保护测控装置	加速度
A3	水平	数字式母线保护装置	加速度
A3	垂直	数字式母线保护装置	加速度
A4	水平	机柜框架中部	加速度
A4	垂直	机柜框架中部	加速度
A5	水平	机柜底部	加速度
A5	垂直	机柜底部	加速度
台面	水平	振动台台面	加速度
台面	垂直	振动台台面	加速度

在试验样机的关键部位布置 5 个应变测点,共 5 通道,用于检测样机关键部位的应变、应力响应。详见图 7.4 及表 7.2 所示:

表 7.2　机柜应变测点布置表

测点	布置方向	位置	测试内容
S1	垂直	机柜柜顶	
S2	垂直	机柜框架中部	
S3	垂直	母线保护装置	应变
S4	水平(Y 向)	地脚螺栓处	
S5	水平(X 向)	地脚螺栓处	

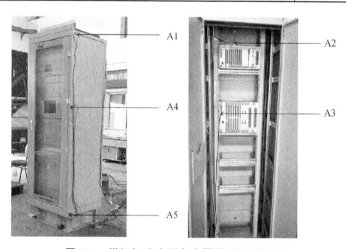

图 7.3　样机加速度测点布置图(现场照片)

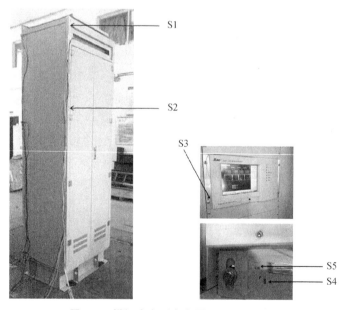

图 7.4　样机应变测点布置图(现场照片)

4）试验工况

根据有关规范要求，对机柜抗震试验按试验前的基准试验、探查试验、抗震鉴定试验、试验后的对比试验等程序进行。试验按表 7.3 的工况顺序进行，共 3 个试验工况，样机均处于不通电状态。

表 7.3 地震试验工况

工况号	激励波形	激励量级（m/s²）				持时（s）
		等级	X 向	Y 向	Z 向	
1	白噪声	2.0	2.0		2.1	120.0
2	地震波	9 度烈度	12.1		7.1	35.0
3	白噪声	2.0	−2.1		−2.1	120.0

5）振动激励

进行动态特性探查试验时，台面激励选用白噪声随机波；抗震鉴定试验时，台面激励按相关规范的规定响应谱（RRS）反演生成的合成时间历程。

① 白噪声随机波

白噪声激励波加速度峰值约为 2 m/s²，频率范围为 0～50 Hz，历时不小于 120 s。白噪声激励波如图 7.5 所示，水平、垂直向同时激励。

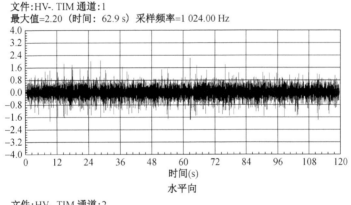

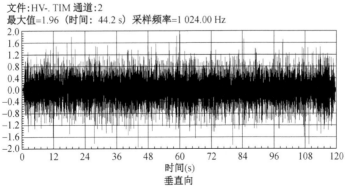

图 7.5 白噪声激励波

② 人工合成时间历程

各轴向地震试验规定响应谱(RRS)如图 7.6 所示,其频率范围为 1~35 Hz,阻尼比取5%。试验垂直向地震波峰值取水平向地震波峰值的 65%。

反演生成的合成时间历程如图 7.7 所示,以此激励振动台。

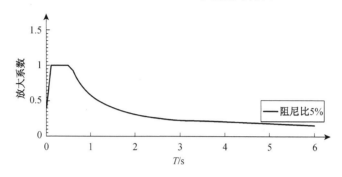

图 7.6   规定响应谱(RRS)

文件:HV. TIM 通道:1
最大值=9.00 (时间: 6.35 s) 采样频率=1 024.00 Hz

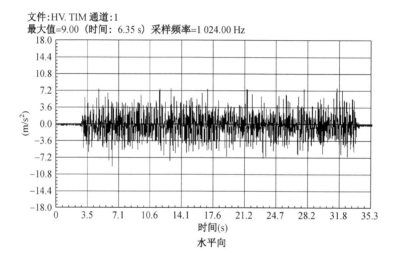

水平向

文件:HV. TIM 通道:2
最大值=6.00 (时间: 29.4 s) 采样频率=1 024.00 Hz

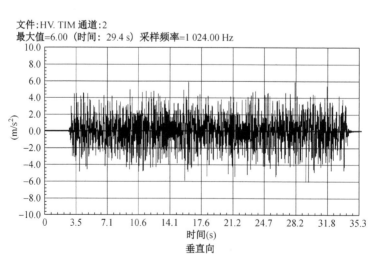

垂直向

图 7.7   根据 RRS 反演计算的合成时间历程

6) 试验成果分析

① 设备自振特性

被试机柜在某种振动(如白噪声、正弦扫描、冲击等)激励下,产生一定的振动响应。通过记录被试对象的激励与响应,计算系统频率响应函数(传递函数)矩阵,进行系统识别,可得出被试对象的自振频率、阻尼比等振动特性。

X-Z 轴向共进行了两次探查试验,分别在地震试验前(工况 1)和 9 度烈度地震激励之后(工况 3),识别的样机动力特性如表 7.4 所示:

表 7.4　X-Z 轴向样机动力特性

| 测点 | 位置 | 9 度烈度地震试验前(工况 1) | | | | | | 9 度烈度地震试验后(工况 3) | | | | | |
| | | X 向 | | | Z 向 | | | X 向 | | | Z 向 | | |
		固有频率(Hz)	阻尼比(%)	放大倍数	固有频率(Hz)	阻尼比(%)	放大倍数	固有频率(Hz)	阻尼比(%)	放大倍数	固有频率(Hz)	阻尼比(%)	放大倍数
A1	机柜柜顶	12.7	7.4	7.6	45.9	5.3	1.8	12.2	7.2	7.7	45.9	4.8	1.8
A2	线路保护测控装置	12.7	7.8	7.4	46.4	1.5	37.5	12.2	7.5	7.6	46.4	1.5	39.9
A3	主机装置	12.7	6.3	0.5	46.4	1.3	4.1	12.2	6.8	0.5	46.4	1.2	4.3
A4	机柜框架中部	12.7	7.8	5.1	45.9	5.2	1.8	12.2	7.8	5.2	45.9	4.7	1.8

由表 7.4 可知,样机在 0~50 Hz 频段内,震前整体样机 X 向基频为 12.7 Hz,阻尼比约为 7%;Z 向基频频率为 45.9 Hz,阻尼比约为 5%。可以看出,样机在 3 Hz 之前没有共振频率,在 1~35 Hz 段,结构也不会发生垂直向共振。经过 9 度烈度地震激励后结构固有频率和阻尼比基本保持不变,说明经过 9 度烈度地震激励后机柜的刚度基本没有发生变化,机柜完整性比较好。

② 加速度响应

本次试验对所有试验工况均采集、记录并进行数据分析,信号采样频率为 1 000 Hz。地震试验各工况的台面激励和各测点响应的最大峰值绝对值如表 7.5 所示。

X-Z 向激励时,设备 X 向测得的最大响应为 18.35 m/s²,发生在 A1 测点(机柜柜顶);Z 向最大响应为 16.45 m/s²,发生在 A3 测点(母线保护装置)。

从上述数据可以看出,结构整体性能较好,未出现异常放大情况。

表 7.5　试验样机加速度响应峰值(绝对值)　　　(m/s²)

测点	位置	测点方向	X-Z 轴向(工况 2)
A1	机柜柜顶	水平	18.35
		垂直	8.22
A2	线路保护测控装置	水平	18.16
		垂直	14.99
A3	母线保护装置	水平	12.05
		垂直	16.45
A4	机柜框架中部	水平	13.78
		垂直	8.23
A5	机柜底部	水平	12.13
		垂直	8.25
	台面	水平	12.18
		垂直	7.05

③ 动应力响应

机柜材质为 Q235,弹性模量选取 $E=210\,GPa$,各应变测点应力峰值如表 7.6 所示:

表 7.6　试验样机应力响应峰值(绝对值)　　　(MPa)

测点	位置	测点方向	激励方向	
			X-Z 轴向(工况 2)	Y-Z 轴向(工况 5)
S1	机柜柜顶	垂直	7.96	5.29
S2	机柜框架中部	垂直	1.55	1.30
S3	母线保护装置	垂直	1.49	18.85
S4	地脚螺栓处	水平(Y 向)	1.40	8.09
S5	地脚螺栓处	水平(X 向)	11.00	9.59

从表 7.6 可知,各工况中,应力最大值为 18.85 MPa,位置为 S3 测点(母线保护装置),该数值远小于钢材的屈服强度,在地震作用下,关键部位的应力满足要求。

④ 功能检测

在地震试验前、地震试验后检查机柜电气功能状态,功能检测内容如表 7.7 所示:

表 7.7　特高压输变电工程二次设备抗震性能检测试验现场检测项目

检测项目	检测具体要求
机柜装置外观检查	装置外观完整性
	装置插件与机箱之间的连接牢固情况
	装置机箱与屏柜之间的连接牢固情况
	装置各部件有无扭曲变形
机柜装置通电功能检验	装置上电是否正常
	装置上电后启动是否正常
机柜装置运行状态检验	装置各指示灯显示状态是否正常
	装置液晶显示是否正常
	装置各级菜单显示和调用是否正常

根据前后两次功能检测的结果,机柜在经过鉴定等级为 9 度烈度地震考核后,其核心部件数字式母线保护装置、线路保护测控装置启动和运行正常,各指示灯显示状态正常,装置各级菜单显示和调用正常。目测机柜结构完整,未发现脱落散架、开裂等损伤现象,柜门开关自如灵活。X-Z 轴向激励——母线保护装置仪表信号见图 7.8 所示:

震前　　　　　　　　　　　　　　　　　　9度烈度地震之后

图 7.8　X-Z 轴向激励——母线保护装置仪表信号

7.1.2　岩质边坡模型抗震试验方案

本部分介绍一个岩质边坡模型的振动台抗震试验方案,主要研究岩质边坡模型在地震作用下的动态反应。

(1) 模型设计与制作

1) 模型比尺设计

设计模型边坡高 1 m,坡角 45°,几何比尺为 25;密度为 2.0×10^3 kg/m³,容重比尺为 1,通过对材料力学性能进行测定,模型材料动弹性模量约为 1.30 GPa,弹性模量比尺为 20。

以模型长度、密度和弹性模量作为基本量纲，按照 Bockingham π 定理和量纲分析法，导出其余物理量的相似常数（表 7.8）。

表 7.8 模型试验相似常数

物理量	相似常数表示及公式	相似比尺
几何	S_l	25
弹性模量	S_E	20
密度	S_ρ	1
应变	$S_\varepsilon = \dfrac{S_\gamma \cdot S_l}{S_E}$	1.25
摩擦角	S_φ	1
时间	$S_t = S_l \sqrt{\dfrac{S_\rho}{S_E}}$	5.6
频率	$S_\omega = S_t^{-1}$	0.18
加速度	$S_a = \dfrac{S_\varepsilon \cdot S_l}{S_t^2}$	1
速度	$S_v = \dfrac{S_\varepsilon \cdot S_l}{S_t}$	5.6
位移	$S_x = S_\varepsilon \cdot S_l$	31.25

将表中的各物理量比尺进行分析，时间比尺为 5.6，即当对模型边坡进行分析时，需要将地表地震波进行压缩，使振动台输入的地震波中各分量频率放大 5.6 倍。

2）模型制作

边坡模型的制作（图 7.9）包括模板加工、材料的配比拌合、振捣压实、烘干养护及后期加工雕刻等方面。由于模型试验的尺寸和要求通常不具有重复性，因而选用木模板，由于模板表面性能不够标准，且在模型干燥过程中通常会发生膨胀，所以在模板加工过程中要把模板的尺寸做得比模型大一些，每边通常有 1～3 cm 的余幅。模型材料主要由水泥、水、重晶石粉作为基本材料，矿物油、珍珠岩和淀粉作为调节材料按照一定的配比来配置模型材料。由于模型材料拌合后为散粒体状，因而需要经过振捣压实，才能达到试验所需的强度和密

图 7.9 边坡模型制作

度。模型制作完成后需要进行养护,通常在室温下养护 2 个月,制作过程中在边坡内部埋入导线,当两根导线之间电阻不小于 100 MΩ 时,认为模型基本干燥。

3) 测点布置

振动台模型试验采用的边坡模型为:坡高 1.0 m,坡顶宽 1.0 m,坡底部宽 2.44 m,坡脚距底面高 0.20 m,坡角为 45°,边坡沿厚度方向 0.5 m,模型边坡采用单面坡。边坡形状及尺寸如图 7.10 所示。为了测定边坡模型的地震动响应,进行试验之前,需要在模型上布置传感器来测量试验过程中的数据。本试验采用的仪器有电阻式应变片、压电加速度传感器、压阻加速度传感器和 LVDT 位移传感器。传感器的位置如图 7.10 所示,图中单位尺寸为mm。图 7.11 是边坡振动台的试验模型:

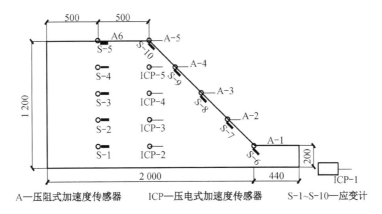

图 7.10 边坡尺寸及传感器布置图

图 7.11 边坡振动台试验模型

下面对传感器布置做详细说明:

① 电阻式应变片编号 S-1~S-10。分别布置在斜坡表面和坡体侧面,用于测量地震过程中边坡应变的变化过程。边坡侧面的应变片沿水平方向布置;坡面上应变片顺斜坡方向布置,均为每隔 25 cm 高程布置一个。

② ICP 压电式传感器编号 ICP-1～ICP-5。压电式传感器由于具有动态范围大、频率范围宽、坚固耐用、受外界干扰小的特点,因而在模型振捣压实过程中埋置于坡体内部,布置在模型边坡中间的纵剖面上,每隔 25 cm 高程沿水平方向布置一个,用于测量地震过程中边坡内部水平向加速度的变化过程。

③ 压阻式加速度传感器编号 A-1～A-6。压阻式传感器由于具有测量范围小、灵敏度高的特点,因而在坡面上沿高程每隔 25 cm 布置一个,用于测量边坡表面水平和竖直方向加速度在地震过程中的变化过程。

④ LVDT 位移传感器由于具有灵敏度高、线性范围宽、重复性好的特点,因而被用于测量地震过程中边坡的位移变化,试验过程中布置两个,一个位于边坡底座上,用于测量基底的位移,一个位于边坡坡顶附近,用于测量坡顶的位移变化。

传感器位置及测试通道如表 7.9 所示:

表 7.9 传感器位置及试验数据通道

通道号	传感器类别	传感器编号	位置	高程(m)	方向
1	ICP 压电式传感器	ICP-1	振动台台面	—	水平
2	ICP 压电式传感器	ICP-2	坡体内部	0.0	水平
3	ICP 压电式传感器	ICP-3	坡体内部	0.25	水平
4	ICP 压电式传感器	ICP-4	坡体内部	0.50	水平
5	ICP 压电式传感器	ICP-5	坡体内部	0.75	水平
6	LVDT 位移传感器	LVDT-1	边坡底座	0.0	水平
7	LVDT 位移传感器	LVDT-2	边坡坡顶附近	0.80	水平
8	压阻式传感器	A-1	边坡表面	0.0	水平
9	压阻式传感器	A-2	边坡表面	0.25	水平
10	压阻式传感器	A-3	边坡表面	0.50	水平
11	压阻式传感器	A-4	边坡表面	0.75	水平
12	压阻式传感器	A-5	边坡表面	1.0	水平
13	压阻式传感器	A-6	坡顶中部	1.0	水平
14	电阻式应变片	S-1	坡体内部	0.0	水平
15	电阻式应变片	S-2	坡体内部	0.25	水平
16	电阻式应变片	S-3	坡体内部	0.50	水平
17	电阻式应变片	S-4	坡体内部	0.75	水平
18	电阻式应变片	S-5	坡顶中部	1.0	水平
19	电阻式应变片	S-6	边坡表面	0.0	水平
20	电阻式应变片	S-7	边坡表面	0.25	沿斜坡
21	电阻式应变片	S-8	边坡表面	0.50	沿斜坡
22	电阻式应变片	S-9	边坡表面	0.75	沿斜坡
23	电阻式应变片	S-10	边坡表面	1.0	沿斜坡

（2）激励荷载及工况设计

1）激励荷载

本试验主要研究模型边坡在地震动作用下的动力响应分布规律。试验中对模型施加水平向和竖直向地震波作用。试验过程中输入的地震波主要有白噪声、El Centro 波和人工地震波，其中白噪声波为 30 s 持时，El Centro 波和人工地震波进行压缩，压缩比尺为 5.6 倍，不同波形如图 7.12、图 7.13、图 7.14 所示：

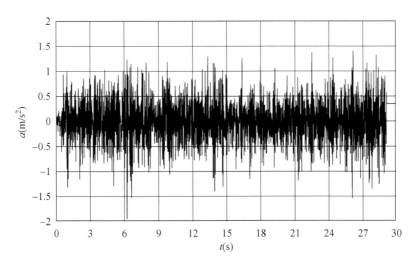

图 7.12　白噪声扫频(30 s)

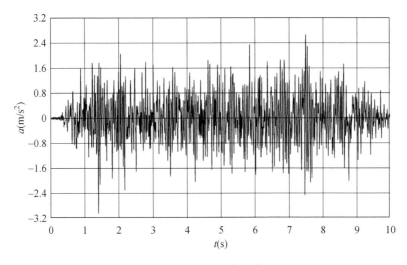

图 7.13　输入地震波(人工波 0.3g)

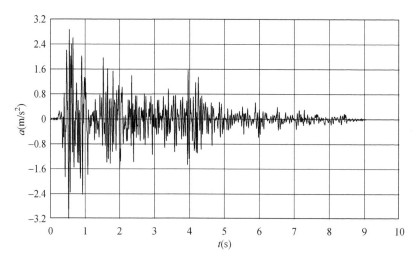

图 7.14　输入地震波(El Centro 波 0.3g)

2) 工况设计

对边坡模型输入前述所示的地震波激励来测试模型的动力反应。每一组开始时,首先对模型进行 0.2g 白噪声扫频,测定结构的固有频率,同时与后面的白噪声扫频结果对比,以判断结构在震动过程中的损伤程度;然后对边坡结构逐级输入不同振幅的 El Centro 波和人工地震波,每次加载后对结构再次进行白噪声扫频,当结构的基频开始出现明显变化时,认为结构出现部分损伤停止加载。至试验结束时,水平向地震波的最大加速度振幅为 0.4g。具体试验工况如表 7.10 所示:

表 7.10　振动台试验工况表(响应试验)

工况编号	输入波型	幅值	方向
H-1	白噪声扫频	0.2g	水平
H-2	El Centro	0.1g	水平
H-3	人工地震波	0.1g	水平
H-4	白噪声扫频	0.2g	水平
H-5	El Centro	0.2g	水平
H-6	人工地震波	0.2g	水平
H-7	白噪声扫频	0.2g	水平
H-8	El Centro	0.3g	水平
H-9	人工地震波	0.3g	水平
H-10	白噪声扫频	0.2g	水平
H-11	El Centro	0.4g	水平
H-12	人工地震波	0.4g	水平
H-13	白噪声扫频	0.2g	水平

（3）边坡动力响应规律分析

加速度的产生和放大是边坡变形失稳的主要原因，同时边坡的加速度响应及分布规律也是直观地评价坡体动力响应的主要依据，本节主要对边坡表面和内部测点的加速度响应进行分析总结。为了便于分析，引入无量纲的加速度放大系数，其定义为边坡内任一点加速度峰值与坡脚加速度峰值的比值。

1）坡面加速度分布规律

本节对水平向地震动作用下坡面加速度响应规律进行分析，选取输入加速度峰值为 $0.3g$ 的人工地震波和 El Centro 波为例，对传感器 A-1～A-5 在地震过程中的时程数据进行采集，各测点水平向加速度峰值如表 7.11 所示：

表 7.11　0.3g 水平向地震波作用下坡面水平向加速度响应列表

测点编号	高程(m)	加速度放大系数		加速度峰值(g)	
		人工波	El Centro 波	人工波	El Centro 波
ICP-1	—	0.309	0.324	—	—
A-1	0.00	0.372	0.361	1.00	1.00
A-2	0.25	0.400	0.395	1.08	1.10
A-3	0.50	0.433	0.429	1.17	1.19
A-4	0.75	0.538	0.557	1.45	1.55
A-5	1.00	0.726	0.721	1.95	2.00

从表 7.11 中可以看出，随测点高程的增加，加速度峰值逐渐增大，峰值出现时刻逐渐延后，两种输入波所呈现的规律基本相同。以加速度放大系数为横轴，坡面测点高程为纵轴，将测点峰值加速度除以台面测点峰值加速度，作出坡面放大系数曲线，如图 7.15 所示：

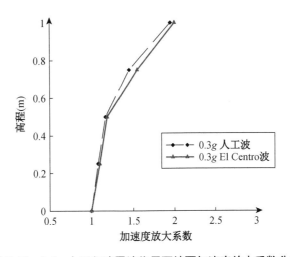

图 7.15　0.3g 水平向地震波作用下坡面加速度放大系数分布

从图 7.15 中可以看出,随着高程增加坡面加速度放大系数增大,0.3g 人工波输入下坡顶处的加速度放大系数为 1.95;0.3g El Centro 波输入下坡顶处加速度放大系数为 2.0,说明高程对边坡加速度具有放大效应,由图中曲线可知,高程放大效应呈现非线性变化,随着高程增加坡面加速度增加的速度加快,在坡面中部偏下处存在一个突变过程。

2)坡体加速度分布规律

同样以加速度峰值为 0.3g 的人工地震波和 El Centro 波为例,通过间隔 25 cm 布置在坡体内部的压电式传感器 ICP-2～ICP-5 及坡顶的压阻传感器 A-6,采集地震过程中的时程数据,测点加速度峰值和放大系数如表 7.12 所示:

表 7.12　0.3g 人工地震波和 El Centro 波作用下坡体内加速度峰值列表

测点编号	高程(m)	加速度峰值(g)		加速度放大系数	
		人工波	El Centro 波	人工波	El Centro 波
ICP-1	—	0.31	0.31	—	—
ICP-2	0.00	0.39	0.35	1.00	1.00
ICP-3	0.25	0.39	0.36	1.01	1.00
ICP-4	0.50	0.47	0.46	1.21	1.29
ICP-5	0.75	0.55	0.57	1.41	1.61
A-6	1.00	0.67	0.68	1.73	1.89

以加速度放大系数为横轴,坡面测点高程为纵轴,作出坡面放大系数曲线,如图 7.16 所示,从图中可以看出在坡体内部竖直方向上,随着高程增加,加速度放大系数也呈现增加的趋势,0.3g 人工波输入下坡顶处的加速度放大系数为 1.73;0.3g El Centro 波输入下坡顶处加速度放大系数为 1.89,与相同高程坡面点加速度放大系数对比,坡体内部质点的加速度

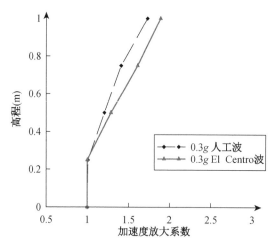

图 7.16　0.3g 水平向地震波作用下坡体内加速度放大系数分布

放大系数小于坡面点,由此可见采用边坡表面点的放大系数来代替同一高程其他质点的加速度响应,偏于保守和安全。

（4）地震动幅值对模型边坡动力响应的影响

在地震三要素中,地震动的幅值是最基本也是最直观的因素。《水工建筑物抗震设计规范》中规定设计地震加速度峰值从 0.1g 增加到 0.4g 时,土石坝动态分布系数分别对应 3.0、2.5 和 2.0。为了研究不同地震动幅值对边坡动力响应的影响,将模型边坡输入不同振幅的人工地震波的结果进行统计,如表 7.13 所示:

表 7.13　不同幅值人工地震波作用下坡面水平向加速度放大系数列表

测点编号	高程（m）	幅值			
		0.1g	0.2g	0.3g	0.4g
A-1	0.00	1.00	1.00	1.00	1.00
A-2	0.25	1.04	1.05	1.01	0.96
A-3	0.50	1.33	1.28	1.21	1.11
A-4	0.75	1.54	1.46	1.41	1.30
A-5	1.00	1.87	1.71	1.73	1.47

以加速度放大系数为横坐标,坡体表面高程为纵坐标分析作图（图 7.17）,以直观分析不同地震动幅值作用下加速度放大系数的差异。

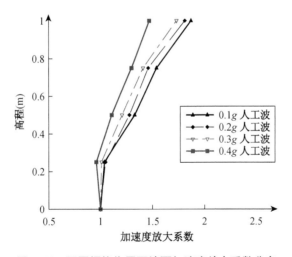

图 7.17　不同幅值作用下坡面加速度放大系数分布

在同一位置上,当输入地震振幅从 0.1g 逐级增加到 0.4g 时,坡体表面加速度整体呈现减小的趋势,坡顶加速度放大系数从 1.87 降低到 1.47。下面对产生这一现象的原因进行分析,如前所述,在试验过程中地震波每增加一次幅值输入后对结构进行一次白噪声扫描,将每次白噪声扫描后的结构固有频率进行统计,另外分别选取边坡的坡体和表面上的 S-2 和 S-8 号应变测点,0.2g 白噪声扫频的应变结果如表 7.14 所示:

表 7.14 不同振幅地震荷载作用后模型边坡动力特性

试验工况	1	4	7	10	13
幅值(g)	初始时刻	0.1	0.2	0.3	0.4
结构固有频率(Hz)	19.94	19.94	18.90	18.12	17.89
坡体水平向应变 $\varepsilon(\times 10^{-6})$	0.075	0.142	0.174	0.178	0.238
坡面沿斜坡方向应变 $\varepsilon(\times 10^{-6})$	0.059	0.137	0.210	0.236	0.291

表 7.14 中工况 1 为试验初始时刻白噪声扫频,工况 4 为 0.1g 地震波加载后的白噪声扫频,以此类推,工况 13 为 0.4g 地震波加载后白噪声扫频的结果。试验结果表明随着地震幅值的增加,结构的固有频率逐渐降低,从初始时刻到试验结束时,结构基频从 19.94 Hz 降低到 17.89 Hz,降低了约 10%,表明随着地震幅值的增加,模型边坡出现了一定程度的损伤。从第二、三行边坡的应变变化规律可以看出,随着地震幅值的增加,边坡的应变逐渐增大,坡面位置的应变增加幅度大于坡体内部。材料的应变增大,剪切模量降低,使得边坡的自振频率降低,从而减弱了边坡的动力响应。所以针对不同烈度的地震需要采取不同的计算参数,设计相应的设防标准。

7.2 福州大学振动台试验案例

7.2.1 典型试验示例

(1) 试验目的

近年来钢管混凝土拱桥得到了大规模的应用,其理论研究已取得了较大的成果,钢管混凝土拱桥设计规范也正在制定之中。目前,国内正在建设的最大跨径钢管混凝土拱桥为四川合江长江大桥,跨径达 530 m。

对钢管混凝土拱结构静力性能的试验研究已开展得比较多,但对拱结构动力性能的试验研究还比较缺乏。目前,在已开展的钢管混凝土拱桥抗震性能研究中,主要是针对特定的某座拱桥建立有限元模型,进行地震反应有限元分析。文献的研究表明,钢管混凝土拱桥具有良好的抗震性能。此外,文献的研究表明,行波效应和多点激励效应的分析结果和一致激励的分析结果相差很大,甚至达到了一个数量级,因而还需开展深入的研究。

然而,由于地震模拟振动台等大型抗震试验设备的不足,对钢管混凝土拱桥抗震性能的试验研究相对薄弱。对于钢管混凝土拱桥的抗震性能,我国现行规范还没有明确的规定,也没有制定专门的钢管混凝土拱桥抗震规范,还缺乏对钢管混凝土拱桥大比例缩尺模型的地震模拟振动台试验研究。

为此,本次试验以某钢管混凝土拱桥为对象,设计制作了几何比例 1:10 的缩尺模型,依据人工质量相似律模型配重,利用福州大学地震模拟振动台三台阵系统,输入 Taft 波等几种典型的地震波以及根据实际场地条件按 E1、E2 抗震设防要求生成的人工波等地震波,通过一致激励和非一致激励作用,开展钢管混凝土拱结构模型的动力特性试验研究、地震反应性能试验研究及破坏特性研究,为钢管混凝土拱桥抗震设计规范的制定提供参考。

（2）工程背景

福安市群益大桥跨越福安市龟湖河,连接市区与阳头新开发区。大桥采用桥梁上部为一孔净跨 46 m 、净矢跨比 1/3 的单跨中承式钢管混凝土拱桥,矢高 15.33 m,桥面净宽为 9 m＋2×2.5 m,人行道宽 2×1.75 m,桥面总宽 18 m。设计荷载为汽车-20 级,挂车-100,人群荷载为 3.5 kN/m²。主拱圈为单圆管截面,由 $\phi800×14$ mm 的钢管内灌 C30 混凝土组成,吊杆采用高强钢丝,桥面系为现浇钢筋混凝土连续板。桥台采用重力式桥台,基础为刚性扩大基础,Ⅱ类场地,桥址处于烈度为 6 度区域,按 7 度设防。大桥于 1996 年 10 月开工,1998 年 7 月建成,建成通车时的大桥如图 7.18 所示:

图 7.18　福安群益大桥

（3）试验设备

福州大学地震模拟振动台三台阵系统是福州大学土木工程学院的主要设备之一,如图 7.19 所示,主要技术参数如表 7.15 所示:

图 7.19　福州大学地震模型振动台三台阵系统

表 7.15　福州大学地震模拟振动台主要技术参数表

项　　目	主要技术参数	
台面尺寸(m×m)	4×4	2.5×2.5
振动方向	水平三向(X、Y 向和水平转角)	水平双向(X 和 Y 向)
台面自重(t)	9.65	3.0
最大有效载荷(t)	22	10
台面最大位移(mm)	±250	±250
台面最大转角(°)	−13～+19	−13～+19
台面满载最大加速度	X 向 1.5g；Y 向 1.2g	X 向 1.5g；Y 向 1.2g
单独台面连续正弦波振动速度(cm/s)	75	105
单独台面地震波振动(10 s)峰值速度(cm/s)	105	150
3 台共同连续正弦波振动速度(cm/s)	50	50
3 台共同地震波振动(10 s)的峰值速度(cm/s)	72	72
最大倾覆力矩(kN·m)	600	200
最大偏心力矩(kN·m)	110	50
最大偏心(m)	0.5	0.5
工作频率范围(Hz)	0.1～50	0.1～50
振动波形	周期波、随机波、地震波	周期波、随机波、地震波
控制方式	数控	数控
可移动最大距离(m)	—	9.50

(4) 模型相似比设计

1) 模型设计

钢管混凝土拱结构试验模型按几何缩尺比例 1∶10 设计制作,模型净跨径 L 为 4.6 m,净矢高 f 为 1.53 m,矢跨比 $\theta(\theta = f/L)$ 为 1/3,拱轴线为二次抛物线,为了设置模型配重,在沿拱轴线方向每隔 20 cm 焊接与之垂直的长度为 48 cm 的钢杆来固定配重。为了使模型固定在振动台台面上,加工制作了两块长宽为 1.0 m×1.0 m、厚为 35 mm 的固定铁板,使该模型的两拱脚通过设置三角撑焊接在铁板上,再在铁板上开螺孔,然后通过高强螺栓连接使铁板锚固于振动台台面上。拱结构模型截面为单圆管截面,若按几何缩尺比例 1∶10 缩小,缩放后的钢管的外径 D 应为 80 mm、壁厚 t 为 1.4 mm,由于该尺寸难以采购和制作,因此,该模型单圆管截面实际尺寸 D 和 t 分别为 76 mm 和 3.8 mm。缩尺模型如图 7.20 所示。

2) 模型材料性能

钢材采用 Q345 钢,测得三个标准试件的钢材平均屈服强度 f_s 为 320 MPa、抗拉强度 f_u 为 540 MPa、弹性模量 E_s 为 $2.00×10^5$ MPa、泊松比 ν_s 为 0.283。混凝土采用 C30,测得混凝

人工质量

图 7.20　模型试验照片

土 28 天立方体抗压强度 f_{cu} 为 45.6 MPa、弹性模量 E_c 为 3.65×10^4 MPa、泊松比 μ_s 为 0.245。

根据模型拱肋截面的实际尺寸 D 和 t 分别为 76 mm 和 3.8 mm,可计算

$$含钢率 \gamma = \frac{A_s}{A_c} = 0.24$$

$$套箍系数 \zeta = \frac{f_s A_s}{f_c A_c} = 2.47$$

相应的截面总抗压刚度 $EA = E_s A_s + E_c A_c = 3.11 \times 10^5$ kN

截面总抗弯刚度 $EI = E_s I_s + E_c I_c = 2.52 \times 10^2$ kN·m^2

若模型按设计尺寸 80 mm 和 4 mm 计,则含钢率 γ 为 0.07,套箍系数 ζ 为 0.78,相应的截面总抗压刚度 EA 为 2.42×10^5 kN、总抗弯刚度 EI 为 3.04×10^2 kN·m^2。相比设计模型与实际模型可知,实际模型的抗压刚度增加了 22%、抗弯刚度则下降了 21%,该变化在下一节的"相似比设计"中忽略,没有考虑。

3) 相似比设计

结构模型动力相似比设计中,完全满足相似要求难以实现。因此,可根据实际模型特点使主要参量满足相似比要求,一般可采用人工质量(配重)来实现,并通过量纲分析得到模型动力相似系数。对于结构的地震反应,在线弹性范围内,各主要参量函数关系如下:

$$\sigma = f(l, E, \rho, t, \delta, v, a, g, \omega) \tag{7-1}$$

式中:σ——结构的动力响应应力;

l——结构构件尺寸;

E——结构构件的弹性模量；

ρ——结构构件的质量密度（或人工配重后的）；

δ、v、a——结构响应位移、速度、加速度；

g——重力加速度；

ω——结构自振圆频率。

本模型的 $S_l = 1/10 = 0.1$，由于采用原型材料，因此，$S_E = 1.0$，S_ρ 也应为 1.0。不过，由于在任何情况下重力加速度相似比 $S_g = 1.0$，因此，l、E 和 ρ 三个参量不能独立的任意选择，为了满足这一要求，通过设置一定的人工质量，使 $S_\rho = 10$ 来实现加速度相似比为 1.0，即 $S_\rho = S_E/S_l = 10$，也即需设置 9 倍模型自重的人工质量才能满足相似要求。各参量相似系数见表 7.16，考虑到理想模型复杂得多，实际很难完全满足相似比要求。配重不同，$S_{\rho i}$ 也不同，分别为 1.0，2.5，5.0，7.5 和 10.0，表 7.17 给出了该模型各相似系数的关系式和比值。

表 7.16 模型相似系数表

物理量	量纲相似比关系	量纲	相似系数比值
线尺寸 l	S_l	L	取 $1/10$，$S_l = 0.1$
线位移 x	S_x	L	$S_l = 0.1$
弹性模量 E	S_E	$ML^{-1}T^{-2}$	$S_E = 1.0$
应力 σ	S_σ	$ML^{-1}T^{-2}$	$S_\sigma = S_E \cdot S_\varepsilon = 1.0$
应变 ε	S_ε	—	$S_\varepsilon = 1.0$
密度 ρ	S_ρ	ML^{-3}	$S_\rho = 10$
加速度 a	S_a	LT^{-2}	1.0
重力加速度 g	S_g	—	1.0
荷载 p	S_p	MLT^{-2}	$S_p = S_\sigma \cdot S_l^2 = 0.01$
弯矩 M	S_M	ML^2T^{-2}	$S_M = S_\sigma \cdot S_l^3 = 0.001$
时间 t	S_t	T	$S_t = 1/S_\omega = 0.316$
自振频率 ω	S_ω	T^{-1}	$S_\omega = 3.16$
阻尼系数 δ	S_δ	MT^{-1}	$S_\delta = 1.0$
速度 v	S_v	LT^{-1}	$S_v = S_\omega = 3.16$
刚度 k	S_k	MT^{-2}	$S_k = S_E \cdot S_l = 0.1$
模型自重 m_m	S_{mn}	M	$S_{mn} = S_{\rho自} \cdot S_l^3 = 0.001$
人工质量 m_a	S_{ma}	M	$S_{ma} = 9S_{mn} = 0.009$

表 7.17 欠人工质量模型相似系数表

物理量	量纲相似比关系	量纲	相似系数比值				
			满载配重	3/4 载配重	半载配重	1/4 载配重	无配重
密度 ρ_i	S_ρ	ML^{-3}	$S_\rho=10$	$S_\rho=7.5$	$S_\rho=5$	$S_\rho=2.5$	$S_\rho=1.0$
线尺寸 l	S_l	L	$S_l=0.1$				
弹性模量 E	S_E	$ML^{-1}T^{-2}$	$S_E=1.0$				
线位移 x	S_x	L	$S_x=S_l=0.1$				
应力 σ	S_σ	$ML^{-1}T^{-2}$	$S_\sigma=S_E \cdot S_\varepsilon=1.0$				
应变 ε	S_ε	—	$S_\varepsilon=1.0$				
加速度 a	S_a	MT^{-2}	$S_a=1.0$	$S_a=4/3$	$S_a=2$	$S_a=4$	$S_a=10$
重力加速度 g	S_g	—	$S_g=1.0$				
荷载 p	S_p	MLT^{-2}	$S_p=S_\sigma \cdot S_l^2=0.01$				
弯矩 M	S_M	ML^2T^{-2}	$S_M=S_\sigma \cdot S_L^3=0.001$				
时间 t	S_t	T	$S_t=\sqrt{10}/10$	$S_t=\sqrt{7.5}/10$	$S_t=\sqrt{5.0}/10$	$S_t=\sqrt{2.5}/10$	$S_t=\sqrt{1.0}/10$
自振频率 ω	S_ω	T^{-1}	$S_\omega=1/S_t=3.16$	$S_\omega=1/S_t=3.65$	$S_\omega=4.46$	$S_\omega=6.32$	$S_\omega=10.0$
阻尼系数 δ	S_δ	—	$S_\delta=1.0$				
速度 v	S_v	LT^{-1}	$S_v=0.316$	$S_v=0.365$	$S_v=0.446$	$S_v=0.632$	$S_v=1.0$
刚度 k	S_k	MT^{-2}	$S_k=S_\sigma \cdot S_l=0.1$				
模型自重 m_m	S_{mm}	M	$S_{mm}=S_{\rho自} \cdot S_l^3=0.001$				
人工质量 m_a	S_{ma}	M	$S_{ma}=0.009$	$S_{ma}=0.0065$	$S_{ma}=0.004$	$S_{ma}=0.0015$	$S_{ma}=0$
模型总重 m_0	$S_{mm}+S_{ma}$		0.01	0.0075	0.005	0.0025	0.001

(5) 模型试验

1）地震波输入介绍

图 7.21 为输入的典型的地震波 Taft 波和 E2 人工波。Taft 波和 E2 人工波的峰值最大加速度（PGA）均为 0.26g，E1 人工波的 PGA 则为 0.1g，各波形如图 7.21 所示。此外，该台阵系统要求输入的地震波采样频率 f 必须为 2^n，由于该系统的最高使用频率为 50 Hz，而一般采样频率不小于 2 倍的系统频率，因此，$n>6$，即 $f>64$。本文 Taft 地震波的采样频率为 512，人工波为 256，满足这一要求。

E1 和 E2 人工波是通过当地场地条件下的地震反应谱生成得到。地震谱值的计算依据《公路桥梁抗震设计细则》（JTG/T B02-01—2008）进行，计算公式为：

$$S = \begin{cases} S_{\max}(5.5\,T+0.45) & T<0.1 \text{ s} \\ S_{\max} & 0.1 \text{ s} \leqslant T \leqslant T_g \\ S_{\max}(T_g/T) & T>T_g \end{cases} \tag{7-2}$$

式中：S_{max}——水平设计加速度反应谱最大值（平台段）；

T_g——特征周期(s)；

T——结构自振周期(s)。

$$S_{max} = 2.25C_iC_aC_dA \tag{7-3}$$

式中：C_i——结构抗震重要性系数；

C_a——场地系数；

C_d——阻尼调整系数；

A——水平向设计基本地震动加速度峰值。

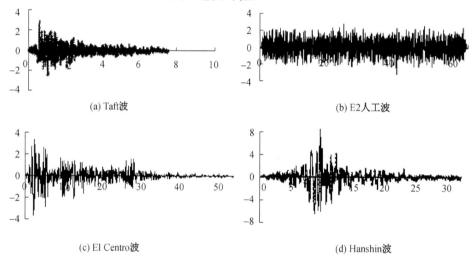

(a) Taft波

(b) E2人工波

(c) El Centro波

(d) Hanshin波

图 7.21　各输入地震波波形（单位：m·s⁻²）

以 E2 人工波为例，按照抗震烈度 8 度、场地类型为 Ⅱ 类计算，根据抗震设计细则，可得到上述公式中的系数分别为：

$$T_g = 0.35; \ C_i = 1.3; \ C_s = 1.0; \ C_d = 1.0; \ A = 0.2g$$

根据抗震设计细则（阻尼比为 0.05）得到的设计加速度反应谱曲线如图 7.22(b)所示，通过频响变换关系可以得到相应的 E2 时程曲线（即图 7.21(b)）。同时，图 7.22(b)也给出了通过 E2 时程曲线反变换得到的人工波反应谱曲线，峰值 S_{max} 平台对应的频率约为 2.5～10.0 Hz。由图 7.22(b)可知，设计反应谱曲线与人工波反应谱曲线基本一致。

2）传感器布置

该拱结构模型的应变测试点沿 X 向对称选取在拱肋的拱脚、$L/8$、$L/4$、$3L/8$、$5L/8$ 以及拱顶处，各测点沿管壁周围均匀布置四个环向应变和轴向应变片，总计 36 个应变片。同时，在各关键截面处布置加速度传感器，测量纵向、横向及竖向加速度，总计 23 个加速度传感器。此外，在拱顶处布置 2 个 LVDT 位移传感器用来测量拱顶相对于拱脚的纵向位移和横向位移；而拱脚的位移由振动台系统自带的传感器测量。全桥传感器布置如图7.23 所示：

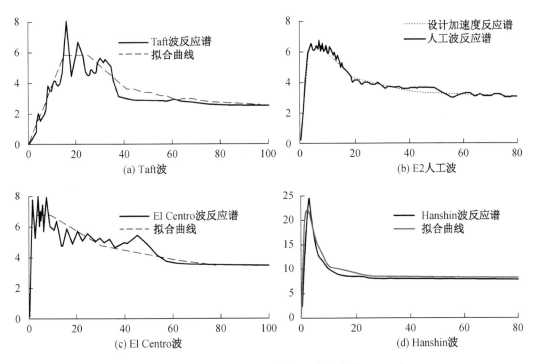

图 7.22　各输入波反应谱拟合曲线对比（单位:m·s^{-2})

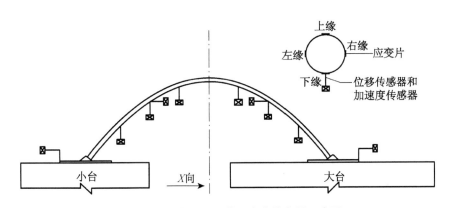

图 7.23　测点位置和截面应变片布置示意图

3)试验工况

　　试验工况主要是正弦波激励、白噪声激励和地震波激励,地震波激励包括一致激励、双向激励和行波激励输入,输入方向主要考虑了纵向、横向、纵向＋横向等。其中,双向输入时的 Y 向为单向时的 0.85 倍;行波输入为沿纵向由左到右延迟 0.1 s(即当视波速取 150 m/s 时,原桥从左拱脚传至右拱脚约 0.31 s,模型考虑时间相似比后取 0.1 s)。试验工况见表 7.18,总计 25 个。由于正弦波激励和白噪声激励只是用来测试模型的动力特性、检测系统是否正常工作、试验模型是否安装可靠、传感测量装置是否有效等,因此,正弦波激励和白噪声激励未列入表 7.18 试验工况中。

表 7.18 台阵试验工况

地震波输入	X 向一致	Y 向一致	$X+0.85Y$ 一致	X 向行波	Y 向行波
Taft 波	工况 1	工况 2	工况 3	工况 4	工况 5
E1 波	工况 6	工况 7	工况 8	—	—
E2 波	工况 9	工况 10	工况 11	—	—
El Centro	工况 12	工况 13	工况 14		
Hanshin	工况 15	工况 16	工况 17		

注:X 为纵向(纵桥向)、Y 为侧向(横桥向)。

(6) 试验结果与分析

1)加速度响应

① 地震波激励下结果分析

限于篇幅,图 7.24 和图 7.25 分别为 El Centro 波在 X 向和 Y 向一致激励下(表 7.18 的工况 12 和工况 13),钢管混凝土拱结构模型拱顶和拱脚处、$L/4$ 和 $3L/4$ 处的加速度响应时程曲线,为表示方便,只给出了具有代表性的 0~16 s 的时程曲线。

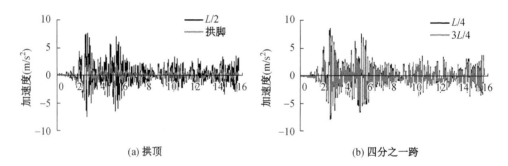

图 7.24 El Centro 波 X 向激励下模型加速度响应时程曲线

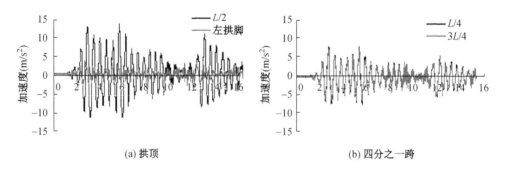

图 7.25 El Centro 波 Y 向激励下模型加速度响应时程曲线

· 纵桥向(X 向)激励

由图 7.24 可知,当台面 X 向的最大加速度激励 PGA 为 3.40 m/s² 时(工况 12),钢管混凝土拱结构模型 $L/2$、$L/4$、$3L/4$ 以及拱脚处的最大加速度响应分别为 7.54 m/s² 和

7.33 m/s²、8.74 m/s² 和 3.77 m/s²。分别放大了约 2.22 倍、2.16 倍、2.57 倍和 1.11 倍，放大倍数要大于文献 Taft 波的，但比 E2 人工波的小较多，因此该拱模型最大加速度响应反而约小于 E2 波的，具体工况如表 7.18 所示。

由图 7.24 还可知，拱顶峰值加速度出现的时间约为 2.64 s，四分点的约为 2.43 s，与激励的峰值加速度时间 2.25 s 相差不大。纵桥向激励下最大加速度响应并不在拱顶处，而是在四分点处，且左半跨的响应稍大于右半跨的。当激励结束后模型以 0.183 s（即第二阶频率 5.5 Hz）为周期逐渐衰减，与白噪声扫描时的频率和周期一致，说明模型未出现塑性变形或破坏，观察模型拱结构外壁，也未发现有裂缝。

· 横桥向(Y 向)激励

由图 7.25 可知，当为横桥(Y)向一致激励时(工况 13)，模型拱顶、L/4 以及 3L/4 处的加速度响应峰值分别为 13.86 m/s²、8.66 m/s² 和 8.25 m/s²，分别放大了 4.08 倍、2.56 倍和 2.51 倍，放大作用显著，不过仍然稍小于 E2 人工波的，但峰值加速度要大于 E2 波的，具体工况如表 7.18 所示。拱顶峰值加速度出现的时间约为 5.35 s，四分点的约 3.12 s，与激励的峰值加速度时间 2.25 s 相差较大。当激励结束后模型以 0.49 s（即第一阶频率 2.0 Hz）为周期逐渐衰减，稍微大于此前的 0.48 s，一阶频率没有明显下降，模型基本无损伤。

② 放大系数比较

图 7.26 和图 7.27 为各激励波形引起的钢管混凝土单圆管拱结构模型沿跨径方向各主要截面的峰值加速度响应放大系数比较。为了便于比较和分析，本节也给出了文献的试验结果，如图 7.26 和图 7.27 所示。其中，图 7.26 为不同方向激励下各波形对拱结构模型沿跨径方向各主要截面的加速度响应放大系数比较；图 7.27 为不同波形激励下的加速度响应放大系数比较。

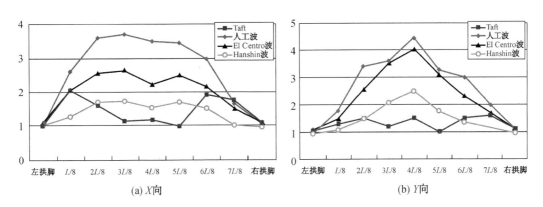

图 7.26 X 向与 Y 向的加速度响应放大系数比较

由图 7.26(a)可知，X 向激励下，人工波对该模型拱的加速度响应远大于其他波，且人工波(E2)和 El Centro 波对拱结构模型的加速度响应放大效应均较为显著；而 Hanshin 波和 Taft 波对模型的放大效应相对前两者来说小得多，基本上不大于 2 倍。

由图 7.26(b)可知，Y 向激励下，人工波和 El Centro 波激励对模型的加速度响应放大作用非常显著，Hanshin 波的也有一定的放大效应，放大效应最明显的部位均在拱顶截面处，而 Taft 波的放大效应基本可忽略不计。此外，El Centro 波的加速度响应放大效应仍然要小

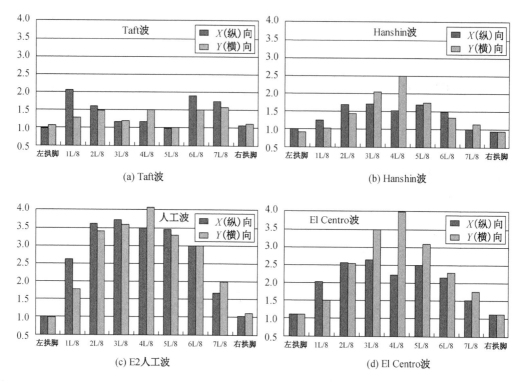

图 7.27 不同波形激励下拱结构模型主要截面的放大系数

于人工波的,这是因为后者的卓越峰值频率平台范围要比前者的更宽一些。

由图 7.27(a)~(d)可知,各地震波激励下,该模型拱的响应从拱脚至四分点截面一般是 X 向的大于 Y 向的,从四分点截面至拱顶则一般是 Y 向的大于 X 向的。

2) 位移响应

本节的位移响应均指相对位移,如图 7.28 所示。由于拱顶位移相对于其他测点较大,且拱肋变形值在横向和纵向较大,竖向变形较小,基本为零。因此,图 7.28 只给出了各激励下拱顶的纵、横向位移响应峰值。

从图 7.28(a)的拱顶 X 向位移可知,Hanshin 波引起的位移响应为 10.5 mm,El Centro 波的约为 7.1 mm。比较可知,Hanshin 波产生的位移最大,E2 人工波的大于 El Centro 波的、E1 波的大于 Taft 波的。从图 7.28(b)的拱顶 Y 向位移可知,Hanshin 波产生的位移约为 25.0 mm,El Centro 波的约为 18.2 mm。此外,激励越大,位移响应也越大。

3) 应变响应

此次台阵试验测试了钢管混凝土单圆管拱肋关键截面处的轴向应变和环向应变,包括截面的上、下缘应变和左、右缘应变。图 7.29 为模型拱在 El Centro 波、Hanshin 波、Taft 波和 E2 波激励下各关键截面轴向下缘点的最大应变响应关系曲线,其中,图 7.29(a)为 X 向激励时的最大应变响应、图 7.29(b)为 Y 向激励时的,限于篇幅,上缘、左缘、右缘各点以及环向各点的应变没有给出。

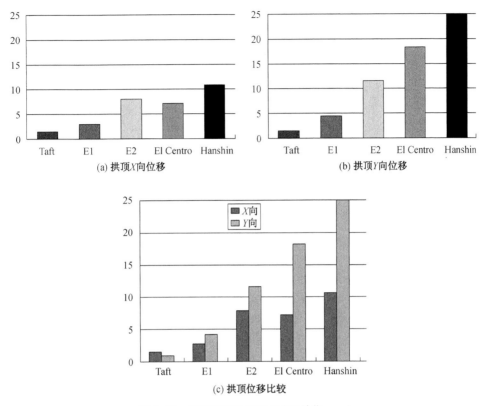

(a) 拱顶X向位移

(b) 拱顶Y向位移

(c) 拱顶位移比较

图 7.28　模型拱顶位移及比较(单位:mm)

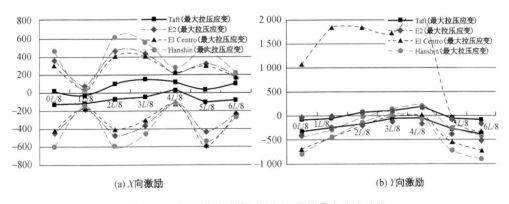

(a) X向激励

(b) Y向激励

图 7.29　模型拱关键截面轴向下缘的最大应变响应

由图 7.29(a)可知,X 向激励产生的下缘应变均不大,未超过钢材的弹性极限应变,相对来说,以 2L/8 截面的应变最大,其次是 6L/8 截面的(峰值加速度反应也是以这两个截面最大)。除 Taft 波外,其他三个波产生的拉、压应变具有一定的对称性。由图 7.29(b)可知,Y 向激励下产生的应变较大,尤以 El Centro 波的最为显著。一般地,拱顶处的最大拉应变大于压应变,而拱脚的压应变大于拉应变,应变在 4L/8 处具有对称性。

图 7.30 给出了模型拱在 El Centro 波和 Hanshin 波以及 Taft 波、E2 人工波 Y 向激励下,左拱脚截面各测点的最大压应变响应,包括轴向左缘、右缘应变,轴向下缘应变(上缘应变片实验过程中损坏了),以及环向左、右缘和上、下缘应变。由于 X 向激励产生的应变不

大,限于篇幅,其值未给出,同时,最大拉应变也未给出,其他截面的也未给出。

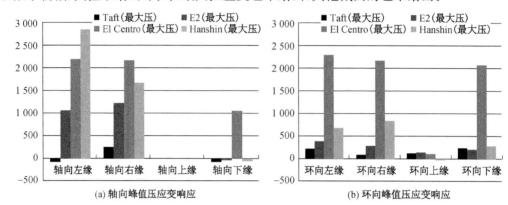

图 7.30 Y 向激励下模型拱脚截面的最大应变响应

由图 7.30 可知,Y 向激励下,模型拱脚截面处的应变不论是轴向的还是环向的,均以左、右缘的应变大于上、下缘的(不过,X 向激励时上、下缘的应变稍大于左、右缘的,本文未给出)。这说明,地震作用下除通常计算截面的上、下缘应变外,还应计算左、右缘应变。不过,缩尺后的模型为应变失真模型,即实际结构自重产生的应变远比相似模型自重产生的应变大,实际结构在地震波激励下产生的应变和自重产生的应变的比值与相似模型的也不相同,因而对于应变失真模型来说,其应变响应结果难以推及到原型上,其与原型结构的真实结果的关系还有待进一步的研究。不过,上、下缘应变仍然是主要验算的部位。

对于图 7.30(a)来说,Hanshin 波产生的轴向应变最大,超过 2 500 $\mu\varepsilon$,对于图 7.30(b)来说,El Centro 波产生的环向应变最大,超过 2 000 $\mu\varepsilon$。

4)结论

① 钢管混凝土拱结构具有良好的抗震性能,模型拱结构的响应与输入波形的反应谱起始卓越频率具有较大的相关性,也与反应谱的平台范围相关。结构的自振频率越接近起始卓越频率,响应越大;平台范围越宽,响应也越大。

② 模型拱的加速度响应一般为从拱脚至四分点截面是 X 向的大于 Y 向的,从四分点截面至拱顶则一般是 Y 向的大于 X 向的;双向激励一般要大于单向激励的。纵桥 X 向激励产生的截面应变为上、下缘的应变稍大于左、右缘的应变;而横桥 Y 向激励产生的截面应变为左、右缘的应变远大于上、下缘的;相对于截面的上、下缘应变来说,左、右缘应变可能更不利。不过,缩尺后的模型为应变失真模型,上、下缘应变仍然是主要验算的部位。

7.2.2 典型试验简介

(1) 武汉二七长江大桥模型

武汉二七长江大桥为三塔双索面结合梁斜拉桥,跨径为 90 m＋160 m＋616 m＋616 m＋160 m＋90 m,主桥长 1 732 m。主梁全宽 31.4 m,斜拉索 132 对,采用半漂浮体系。边塔设置两个双向活动支座,横向设置抗风支座;中塔顶设竖向支座和纵向限位挡块。同时,边塔设置纵向阻尼器,使地震作用时边塔和中塔能共同参与。

模型相似比为 1∶100,主塔和桥墩采用有机玻璃模拟,主塔高 2.05 m。结合梁采用

4 mm 厚的有机玻璃板和 1.2 mm 厚铝合金，模拟实桥混凝土板与钢主梁共同受力的组合梁，斜拉索采用高强钢丝，如图 7.31 所示：

图 7.31　模型振动台试验

试验工况总计 42 个，其中一致激励 24 个，多点非一致激励 18 个，地震波的输入方向为纵向输入、横向输入、纵向＋横向输入，主要波形为 El Centro 波，以及安全评估报告提供的汉口波、江心波等。峰值加速度为 0.05g、0.1g、0.2g 等。图 7.32 为地震波输入下中塔和两边塔顶的加速度时程曲线，图 7.33 和图 7.34 分别是一阶模态以及塔顶加速度时程响应。

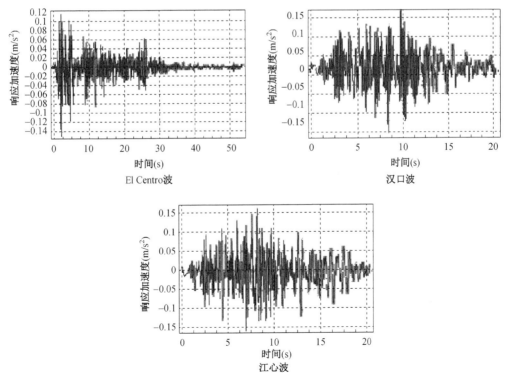

图 7.32　地震波形输入

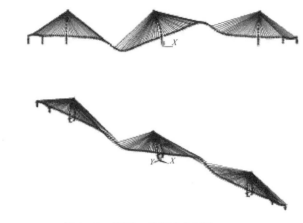

图 7.33　模型一阶竖弯振型(3.395 Hz)

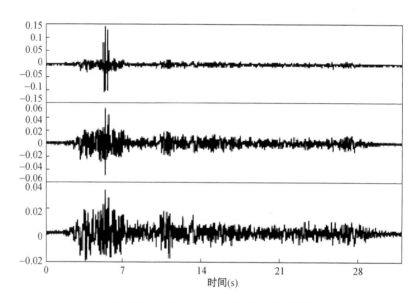

图 7.34　纵向输入时塔顶加速度时程曲线

(2) 武汉鹦鹉洲长江大桥模型

武汉鹦鹉洲长江大桥为三塔四跨悬索桥,跨径为 200 m＋850 m＋850 m＋200 m,主桥全长 2 100 m。主缆跨度布置为:225＋2×850＋225＝2 150 m,主缆矢跨比 1/9,横向中心距 36 m,吊点间距 15 m。主梁为钢-混凝土结合梁,梁高 3 m,标准节段长 15 m。中塔为钢-混叠合塔,叠合面在桥面以下,边主塔采用混凝土结构。四跨主梁均为简支体系。

模型相似比为 1∶100,全长 21.5 m。混凝土的主塔和桥墩采用有机玻璃模拟,中塔上部钢结构采用铝合金模拟。中塔高 1.520 m,边塔高 1.292 m。结合梁采用 4 mm 厚的有机玻璃板和 1.2 mm 厚铝合金,模拟实桥混凝土板与钢主梁共同受力的组合梁,如图 7.35 所示:

图 7.35　武汉鹦鹉洲长江大桥模型振动台试验

　　试验工况总计 24 个,其中一致激励 15 个,多点非一致激励 9 个,地震波输入方向为纵向输入、横向输入、纵向＋横向输入。主要的波形为安全评估报告提供的江南波、江北波、江心波,峰值加速度为 0.05g、0.1g 等,如图 7.36 所示。图 7.37 为江心波纵向 0.05g 输入下塔顶加速度时程曲线。

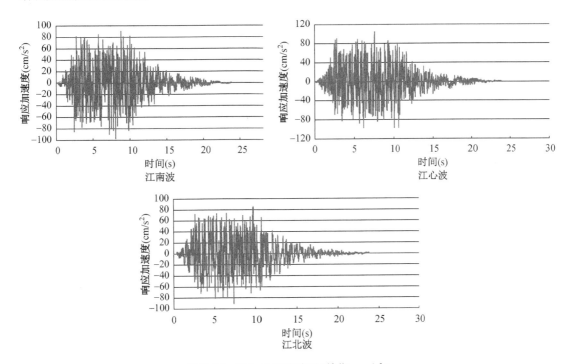

图 7.36　输入地震波波形(单位:cm/s²)

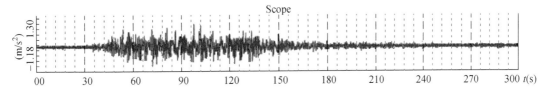

图 7.37　江心波纵向 0.05g 输入下塔顶加速度时程曲线

图 7.38　两跨混凝土连续桥模型振动台试验

(3) 两跨混凝土连续梁桥模型

模型桥全长 14.2 m,跨中中心距为 6.9 m、净距 6.3 m。通过三个桥墩支撑并锚固于三个振动台台面,主梁与桥墩简支。每个桥墩重约 1.2 t,主梁重约 7.0 t。同时,在主梁上方设置 1 500 个配重块合计 3.0 t 的配重。为防止配重块掉落,在主梁上方预留了伸出钢筋。该模型桥总重量约为 13.6 t。试验照片如图 7.38 所示。

试验工况总计 16 个,其中一致激励 10 个、非一致激励(行波效应)6 个。试验前先进行白噪声扫描,然后进行加速度激励作用,输入的波形主要为 El Centro 波、Kobe 波,峰值加速度为 0.05g、0.1g、0.2g 等。

(4) 两跨混凝土连续刚构桥模型

试验目的是分析高墩连续刚构桥在横向、纵向和水平双向地震动作用下的结构响应特性、了解高墩连续刚构桥在水平双向地震动作用下的破坏模式,研究按照新规范验算的钢筋混凝土高墩配筋率的适用性。

刚构桥模型主梁长度缩尺比 1:15,墩柱长细比 3.2/0.32＝10,桥墩的尺寸比 1:14.3。模型桥总长 12 m,如图 7.39 所示。该模型自重 7.6 t,配重 3.6 t,辅助部件 3.2 t,合计总重14.4 t。

试验工况总计有 56 个,其中一致激励 30 个、非一致激励(行波效应)24 个,破坏性试验。主要地震波为 El Centro 波、晋江波(图 7.40～图 7.43)。

图 7.39　两跨混凝土连续刚构桥模型振动台试验

峰值加速度为 0.05g、0.1g、0.2g、0.4g,破坏试验时峰值加速度为 1.0g。图 7.43 分别为中墩墩顶横桥向位移时程响应曲线和边墩墩底内侧竖向应变时程响应曲线。

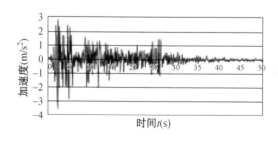

图 7.40　地震波形(El Centro 横向)

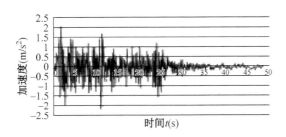

图 7.41　地震波形(El Centro 纵向)

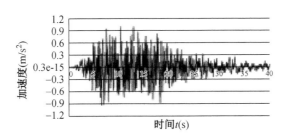

图 7.42　地震波形(晋江波)

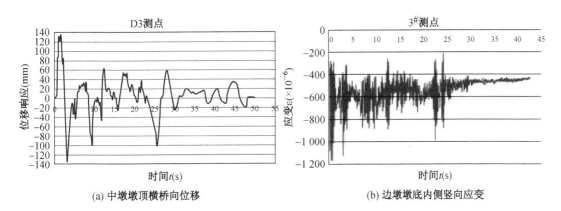

(a) 中墩墩顶横桥向位移　　　　　(b) 边墩墩底内侧竖向应变

图 7.43　位移时程响应

(5) 四川干海子大桥抗震能力模型试验研究

四川干海子大桥总长 1 811 m,分三联:第一联 40.7 m＋9×44.5 m＋40.7 m,第二联 45.1 m＋3×44.5 m＋11×62.5 m＋3×44.5 m＋45.1 m,第三联 45.1 m＋4×44.5 m＋ 45.1 m。图 7.44 为干海子大桥施工照片。由于该桥位于强震到弱震活动的过渡带,基准期 50 年超越概率 10%的场地地震峰值加速度 $a＝0.362g$,对应地震烈度为 8 度。主梁采用新型的钢管混凝土三角形空间桁梁结构形式,桥墩采用新型的钢管混凝土组合墩,由钢管混凝土柱肢、钢管横联和混凝土腹板组合而成,从而达到减轻结构自重和提高抗震性能的目的。

该桥主梁为轻型组合结构,活载与恒载的比重较之一般桥梁有较大幅度的增加,同时桥墩最高达 107 m。在福州大学布鲁诺·布里斯杰拉教授的指导下,完成了干海子大桥试验方案的制定、模型制作拼装和振动台三台阵试验调试的准备工作,如图 7.45 所示:

图 7.44　干海子大桥

图 7.45　振动台模型的制作与安装

（6）两跨混凝土连续梁桥模型抗震支座试验

试验目的是研究普通板式橡胶支座、高阻尼铅芯橡胶支座、高阻尼钢复合滑板支座在横向、纵向和水平双向地震作用下的抗震性能,两跨混凝土连续梁模型桥相似比为 1：5,全长 10.2 m,跨中中心距为 5 m,如图 7.46 所示。主梁重约 8.6 t,模型桥总重量约为 25.9 t。

图 7.46 两跨混凝土连续梁桥隔震支座试验

试验工况共计 66 个,主要地震波为 El Centro 波、Tar-Tarzana 波、Northridge 波,峰值加速度为 0.096g、0.2g、0.382g 等,如图 7.47 所示。试验表明,高阻尼铅芯橡胶支座和高阻尼钢复合滑板支座能有效减小桥梁结构的地震反应。

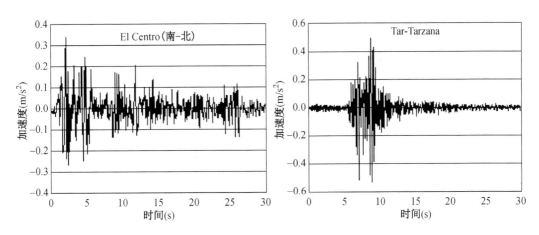

图 7.47 输入地震波波形

（7）独塔斜拉桥缩尺模型振动台台阵试验

试验的目的是通过振动台试验探究独塔斜拉桥在横向、水平和双向地震动作用下结构的振动响应特点,并研究独塔斜拉桥在地震作用下的易损点及其破坏模式。

　　独塔斜拉桥模型相似比为 1 : 35,主塔、辅助墩以及边墩均采用 C40 自密实混凝土浇筑,模型主塔总高度为 4.2 m;组合梁的主梁和横梁均采用铝合金板弯折后拼装制成,混凝土桥面板同样用 1.5 mm 厚的铝合金板模拟,组合梁全长 10 m;拉索由直径为 5 mm 的高强预应力钢丝制成,模型斜拉索共有 52 根,为双索面形式。主塔和主梁之间采用两个双向滑动支座连接,用橡胶片模拟两个侧向限位装置;辅助墩、边墩与主梁之间采用双向滑动支座连接。主塔、辅助墩、边墩与振动台台面之间均采用螺栓连接,模拟刚性基础,主塔、东侧边墩和辅助墩以及西侧边墩和辅助墩分别固定在台阵系统的三个振动台台面上。斜拉桥模型见图 7.48 所示:

图 7.48　独塔斜拉桥模型

　　输入地震波为 Chi-Chi、El Centro、Cerro Prieto、Lander-amboy 四种天然地震波,加速度峰值从 0.05g 增至 0.4g,地震波输入方式包括纵桥向单向地震波输入和双向地震波输入,如图 7.49 所示。当试验进行到输入地震波是峰值为 0.4g 的 Chi-Chi 波时,组合梁和边墩间的支座破坏,大部分支座损坏并退出工作,组合梁的主梁和横梁局部出现扭曲,部分斜拉索桥面一侧的锚头出现裂缝或者结构胶开裂等轻微损坏,最终停止试验。部分测点时程曲线见图 7.50 所示。

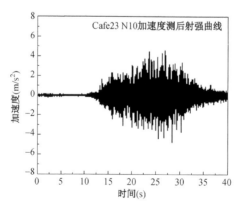

图 7.49　部分测点加速度时程曲线

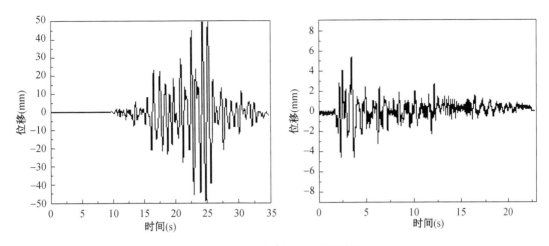

图 7.50　部分测点位移时程曲线

（8）特高压酒杯型输电塔-线体系模型振动台阵试验研究

本项目以锡盟-山东 1 000 kV 特高压交流输变电工程线路悬垂塔为背景,开展几何相似比为 1：15 的缩尺模型试验,进行了"塔-线体系"等振动台多台阵模型试验,研究了模型塔在 7 度、8 度和 9 度基本、常遇以及罕遇烈度下的地震响应,分析比较了不同地震波的双向激励和行波效应等对模型动力响应的影响。图 7.51 为单塔模型试验。

图 7.51　单塔模型

研究表明,一致激励时的 8 度罕遇或 9 度基本烈度作用下,无论是单塔模型还是五塔四线模型均基本处于弹性阶段,未发生损伤或破坏,说明该模型塔结构具有较好的抗震性能,能够抵御强地震作用。不过,结构应变响应表明,上下曲臂连接位置、塔身与腿部连接位置以及身部结构位置是塔体的不利截面;试验结果还表明,考虑行波效应作用下,塔-线体系模型的动力响应受边界条件的影响较大。图 7.52 为五塔四线模型试验。

图 7.52   五塔四线模型

(9) 特大断面隧道试验模型

福州市二环路金鸡山隧道为双向 8 车道公路隧道。隧道的内轮廓采用三心圆,其高度和宽度分别为 10.8 m 和 17.2 m。衬砌采用 C30 钢筋混凝土,厚度为 70 cm;初期支护采用 I22 钢拱架＋C25 喷射混凝土,厚度为 30 cm。地层从上到下依次为花岗岩残积粉质黏土、砂土状全风化花岗岩、强风化粗粒花岗岩。

图 7.53 为 El Centro 地震波的输入和响应。模型几何相似比为 1/30。加速度相似比为 1：1,弹性模型相似比为 1/30,模型总重量约 12 t,如图 7.54 所示:

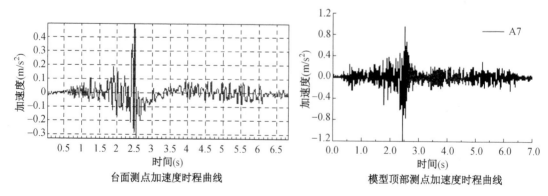

<table>
<tr><td align="center">台面测点加速度时程曲线</td><td align="center">模型顶部测点加速度时程曲线</td></tr>
</table>

图 7.53   **El Centro 波输入**

图 7.54　模型振动台试验

试验工况总计 36 个,地震波的输入方向为横向输入,主要波形为 El Centro 波、WC 波、CC 波、Kobe 波、Taft 波和人工波等。峰值加速度为 $0.05g$、$0.10g$、$0.20g$、$0.40g$ 等。

试验结果如图 7.55 的衬砌裂缝形态平展图所示,裂缝主要出现在仰拱和拱脚至拱腰部位。

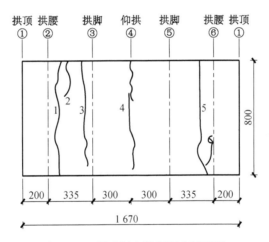

图 7.55　隧道衬砌裂缝形态平展图

(10) 节段拼装混凝土双柱墩抗震性能振动台试验研究

预制拼装施工技术对现有交通和周围生态环境影响小、综合经济效益高、施工工期短,在跨江、跨海大桥施工中具有明显的优势。本项目结合预制拼装双柱墩模型地震模拟振动台试验和有限元分析,尝试揭示预制拼装双柱墩的地震响应特性、损伤演化规律和破坏模式等,并对不同设计参数的抗震性能影响规律进行研究,为预制拼装双柱墩的抗震设计及工程应用提供依据。

节段拼装混凝土双柱墩模型几何缩尺比为 1 : 5,桥墩盖梁尺寸为 3 300 mm×550 mm×350 mm,承台尺寸为 2 400 mm×720 mm×360 mm,墩身高度为 1 350 mm,桥墩的有效高度是 1 700 mm,桥墩的有效剪跨比为 5.7,桥墩直径为 250 mm。图 7.56 为试验模型照片。配重块对墩柱产生轴压比为 5.17%,相应产生的混凝土压应变为 0.99 MPa。

图 7.56 振动台试验模型

试验工况总计 31 个,采用 7 种地震波,6 种为天然地震波,分别为 El Centro(N-S)波、Northridge 波、Tar-tarzana 波、WenChuan(N-S)波、TangShan(N-S)波和 Chi-Chi(N-S)波,另一种为人工合成波,命名为上海波,如图 7.57 所示。图 7.58 给出了上海波作用下灌浆波纹管连接桥墩位移时程曲线,试验详细介绍可参考相关文献。

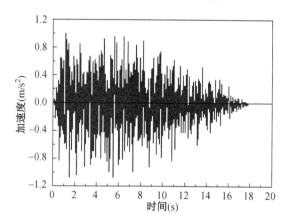

图 7.57 地震波形(上海波)

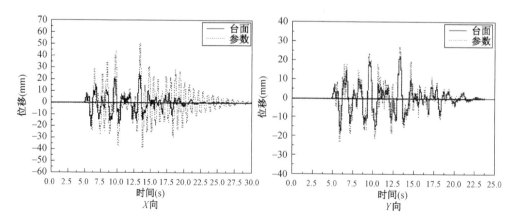

图 7.58 灌浆波纹管连接桥墩位移时程曲线(上海波)

(11) 公路斜交梁桥震害机理与抗震设计研究

从 1971 年圣费尔南多地震到 2008 年汶川地震再到 2010 年智利地震,均有斜交梁桥出现落梁、过大横向位移或墩柱严重破坏等震害。由于斜交梁桥震害问题较直桥严重得多,研究者自 1971 年圣费尔南多地震后就开始对其震害机理、地震反应、抗震设计等问题开展研究;然而迄今为止,对斜交梁桥震害机理的认识仍存在争议,对其地震反应规律的认识也明显不足,且缺乏行之有效的抗震设计概念和构造措施。图 7.59 为地震波图形:

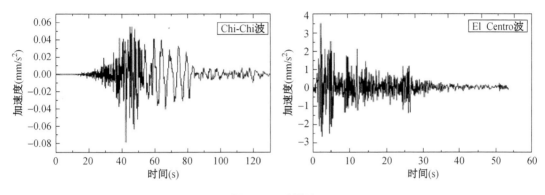

图 7.59　地震波

本项目以典型单跨简支及多跨连续斜交梁桥为对象,制作全桥试验模型,通过开展考虑斜交角、跨度、桥宽、支承刚度、桥墩刚度、地震动输入方向等参数影响的系列模拟地震振动台试验,深入研究斜交梁桥的震害机理;结合振动台模型试验、数值模拟分析和理论分析,研究考虑主要设计参数及不同地震动输入方向影响的斜交梁桥的地震反应规律。通过项目研究,明确斜交梁桥的震害机理和地震反应规律,从而提出改进的抗震设计概念与抗震构造措施,完善斜交梁桥的抗震设计。模型试验如图 7.60 所示:

图 7.60　模型试验

(12) 高层隔震结构系列振动台试验

振动台试验的目的是验证在地震动作用下隔震结构的减震性能,并与数值模型比较分析。建立一个具有典型工程意义且位于高烈度区的大底盘上塔楼八层框架结构,对模型进行简化和缩尺,长度相似比为1:7,梁、柱采用钢材。底盘2层,X向为三跨长度2.75 m,Y向为两跨长度1.75 m,层高0.7 m;上部塔楼6层,X向为两跨长度2 m,Y向为单跨长度1 m,层高0.5 m。塔楼与底盘平面面积比为1:2.4,塔楼Y向高宽比为1:3,模型总高度为4.40 m,各层配重简化为混凝土楼板,结构模型质量约为16.2 t。

共进行五个模型的系列试验研究,分别是纯基础隔震(隔震橡胶支座)、复合减隔震1(隔震橡胶支座+弹性滑板支座)、复合减隔震2(隔震橡胶支座+粘滞阻尼器)、层间隔震(隔震橡胶支座)和对比的抗震模型。

选取普通周期地震动[El Centro、Taft、Northridge和Rgbtongan(人工)波]、远场长周期地震动(TAP094波)和近场脉冲长周期地震动(EMO270波),每条地震动加速度峰值按规范要求分别调整至0.20g、0.40g和0.60g这三个强度,采用双向输入,共进行了一百多个工况的试验。系列试验于2017年6月完成,如图7.61所示,试验结果还在整理中。

(a) 模型试验　　　　　　　　　　(b) 三种不同支座

图 7.61　高层隔震结构模型振动台试验

7.3 西南交通大学振动台试验案例

7.3.1 惯性负载试验

惯性负载调试(配重块共 6 块,总重 160 t),旨在检验满载下振动台的各项性能指标(图 7.62)。

图 7.62 惯性负载调试试验

7.3.2 弹性模型试验

为了达到调试振动台性能的要求,设计了高阻尼橡胶支座减隔震钢结构模型(图 7.63),模型总重 87 t,其中钢结构 33.6 t,配重块(两块)53.4 t,水平向阻尼系数 0.12,水平向基频 2.4 Hz,竖向 13.1 Hz,加载工况为 $0.05g \sim 0.48g$ 逐级增加。

图 7.63 高阻尼橡胶支座减隔震钢结构模型

为了进一步验证振动台系统性能,先后进行了3个实际试验模型的抗震试验,其一为钢筋混凝土简支梁桥试验,其二为高压开关柜试验,其三为隧道抗震试验。

7.3.3　混凝土简支梁桥试验

混凝土简支梁桥为单跨独柱墩结构,其中一个为固定墩,墩梁之间设置铰支座(梁体一端固定铰支座,另一端设置滑动铰支座),两个混凝土采用拉线式位移传感器测量盖梁顶部、梁端以及台面地震位移,梁顶、盖梁顶部、台面布设加速度传感器,模型墩高 2.5 m,梁底高度 3.7 m,模型+保护支架总重 78 t。试验过程中采用 El Centro 波作为输入地震动,加速度峰值依次为 0.05g、0.10g、0.15g、0.20g、0.25g,根据模型损伤情况,在 0.25g 时停止加载(此时桥墩塑性铰区纵向钢筋应变达到 4 000 $\mu\varepsilon$,混凝土产生较多裂缝)。模型加载示意见图 7.64 所示,0.25g 输入地震动时盖梁、台面加速度时程见图 7.65 所示。

图 7.64　模型加载示意图

简支梁桥试验检验了非线性结构抗震试验过程中振动台系统的各项性能,同时检验了 MTS 控制系统(469D、Stex Pro)的性能,以及数采系统对各类传感器采集数据的适用性以及数采能力(试验过程占用 176 个通道),数采系统的数据处理和绘图功能等同时得到了检验。结果表明,振动台系统性能良好,控制软件、数采系统满足技术协议的各项要求。

弹性负载及简支梁桥试验对数采系统的硬件、软件功能进行了同步测试。共启用了 192 个通用通道,传感器类型包括电阻应变、压电加速度、磁电加速度、激光位移、差动式位移等多种传感器。因该数采软件系统,对各个传感器的测试物理量、量程、标定系数等进行了设定。

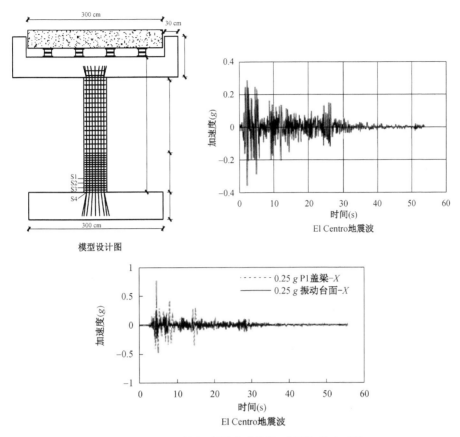

图 7.65　0.25g 输入地震动时盖梁、台面加速度时程

7.3.4　高压开关柜通电状态下的抗震性能试验

为了获得通电状态下移动通信高压开关柜的抗震性能(图 7.66),对某开关柜时间基于规范反应谱的人工合成地震动,一次施加水平 0.3g＋竖向 0.15g,水平 0.5g＋竖向 0.25g,试验过程中,根据指示灯判断开关是否跳闸,从而判断通电状态下该设备的工作性能。

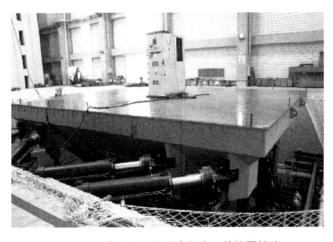

图 7.66　高压开关柜通电状态下的抗震性能

试验过程中,根据《电信设备抗地震性能检测规范》(YD 5083—2005)的规定和要求,通过布置在台面、箱子顶部的加速度传感器获得加速度信号,通过布置在箱体底部和顶部的应变片测得应变信号。图 7.67 为输入规范谱图形。该试验检验了振动台完成工业设备抗震性能检测的性能。

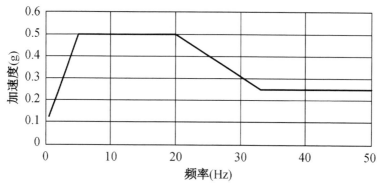

图 7.67　输入规范谱

7.3.5　大型振动台隧道抗减震技术模型试验

2017 年 7 月到 8 月,穿越活动断层隧道和洞口段隧道结构抗减震技术开展振动台试验研究。通过对试验多次施加不同荷载组合的地震波,验证隧道结构的抗减震性能及振动台系统、作动器、控制器、油源、冷却系统等指标。

由于受到模型箱限制,采用了两个不同的 2.5 m×2.5 m 模型箱,进行振动台试验,同时考察振动台的抗倾覆力矩、偏心力矩等指标(图 7.68)。同时采用 182 个通道对模型进行数据采集,验证分析振动台采集系统的可靠性。

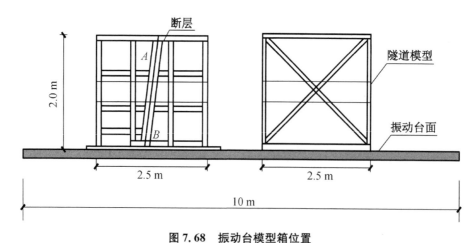

图 7.68　振动台模型箱位置

图 7.69 是隧道振动台模型试验照片。

图 7.69　隧道振动台模型试验照片

7.4　广州大学振动台试验案例

陶粒混凝土内墙板抗震试验抗震性能研究

（1）试验概况

广州大学工程抗震研究中心对陶粒混凝土内墙板产品进行抗震性能检测,检测产品型号为:连接方案一内墙板(墙板错缝 300 mm,采用广州越发环保科技有限公司生产的(以下简称越发)专用砂浆安装,无任何加固措施)、连接方案二内墙板(在方案一的基础上进行加固)、连接方案三内墙板(在方案二的基础上进行加固)和连接方案四内墙板(在方案三的基础上进行加固)。具体连接加固方案见报告中描述。

1) 陶粒混凝土内墙板试验模型

本次试验包含四面陶粒混凝土内墙板(板厚 95 mm),四面陶粒混凝土内墙板采用四种连接方案,加固措施逐渐增强,四面陶粒混凝土内墙板在混凝土框架中布置位置见图 7.70～图 7.75,每面墙板净高

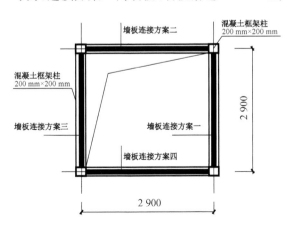

图 7.70　混凝土框架方案、墙板布置图

171

4.5 m,具体连接方案如下。

方案一:墙板错缝 300 mm,采用越发专用砂浆安装,无任何加固措施。

方案二:在方案一的基础上进行加固:

① 顶部墙板侧面与主体结构安装 L 形卡码;

② 门洞顶部阴角安装 L 形卡码;

③ 门洞横向板与侧面墙板开槽植入 10 mm 三级螺纹钢加固。

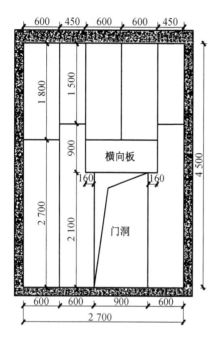
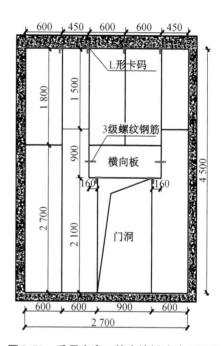

图7.71 采用方案一的内墙板试验立面图　图7.72 采用方案二的内墙板试验立面图

方案三:在方案二的基础上进行加固:

① 顶部墙板侧面与主体结构安装 L 形卡码;

② 门洞顶部阴角安装 L 形卡码;

③ 门洞横向板与侧面墙板开槽植入 10 mm 三级螺纹钢加固;

④ 墙板与主体框架柱子连接部位植入 10 mm 三级钢筋加固(底部墙板二道,上部墙板一道)。

方案四:在方案三的基础上进行加固:

① 顶部墙板侧面与主体结构安装 L 形卡码;

② 门洞顶部阴角安装 L 形卡码;

③ 门洞横向板与侧面墙板开槽植入 10 mm 三级螺纹钢加固;

④ 墙板与主体框架柱子连接部位植入 10 mm 三级钢筋加固(底部墙板二道,上部墙板一道);

⑤ 横向板与上部接高墙板增加二道 10 mm 三级钢筋固定。

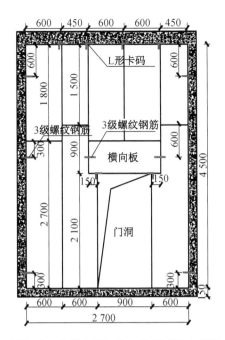

图7.73 采用方案三的内墙板试验立面图

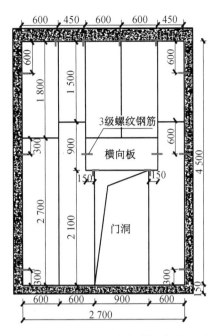

图7.74 采用方案四的内墙板试验立面图

2）陶粒混凝土内墙板在振动台的位置

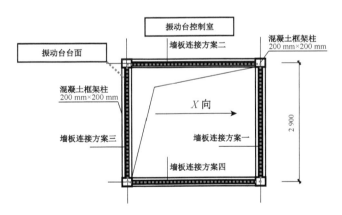

图7.75 试验内墙板在振动台上的方位图

（2）实验目的

对于墙板结构，我国现行规范规定如下：

1）《建筑抗震设计规范》（GB 50011—2010）中规定：建筑非结构构件在地震中的破坏允许大于结构构件，其抗震设防目标要低于本规范第1.0.1条的规定。非结构构件的地震破坏会影响安全和使用功能，需引起重视，应进行抗震设计；框架结构中的非承重填充墙属于非结构构件，但框架结构中非承重填充墙体的存在，会增大结构整体刚度，减小结构自振周期，从而产生增大结构地震作用的影响。

2）《建筑抗震鉴定标准》（GB 50023—2009）中规定：8度、9度时，框架－抗震墙结构的构造应符合下列要求:墙板的厚度不宜小于 140 mm,且不宜小于墙板净高的 1/30,墙板中竖向及横向钢筋的配筋率均不应小于 0.15%。

3)《构筑物抗震设计规范》(GB 50191—2012)中规定:抗震墙墙板厚度,第一抗震等级不应小于 160 mm,且不应小于层高的 1/20;第二、第三抗震等级不应小于 140 mm,且不应小于层高的 1/25。抗震墙应与周边梁、柱连成整体。

4)《装配式大板居住建筑设计和施工规程》(JGJ 1—91)中规定:承重墙板各部分尺寸及构造应符合下列要求:空心混凝土墙板的厚度不宜小于 140 mm。芯孔间肋宽及板面厚度不应小于 25 mm。在墙板顶部应缩小孔径或填实,其高度不小于 80 mm,板边与第一孔的间距不应小于 200 mm。墙板吊环部位及窗口下部不宜抽孔。

本试验项目的墙板在厚度、高厚比、配筋率和连接方式上均有别于规范规定的要求,为验证内墙板抗震性能,试验研究内容如下:

① 抗震性能验证:验证陶粒混凝土内墙板抗震性能;

② 陶粒混凝土内墙板抗震安全性评价;

③ 观察裂缝出现和发展情况,确定结构的薄弱部位、开裂程度、破坏形式分析判断结构的抗震安全性。

本试验可为墙板结构相关规范编写提供参考。

(3) 实验方案

1)试验内容

① 测试墙板地震作用下的加速度反应;

② 测定墙板地震作用下的相对位移反应;

③ 观察裂缝出现和发展情况,确定结构的薄弱部位、开裂程度、破坏形式,分析判断结构的抗震安全性。

2)试验输入波

依据《建筑抗震设计规范》(GB 50011—2010)试验地震记录采用 2 条人工合成波、1 条 San Francisco 地震波和 1 条五拍正弦共振调幅波。试验将分别进行 X 或 Y 向单向输入和 X、Y、Z 三向输入,各分量的比例按《建筑抗震设计规范》的规定采用。输入地震波如图 7.76~图 7.78 所示。

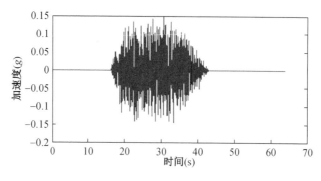

图 7.76 人工合成波

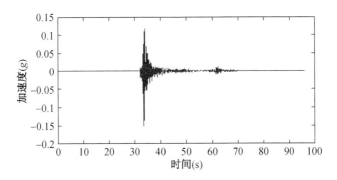

图 7.77　San Francisco 地震波

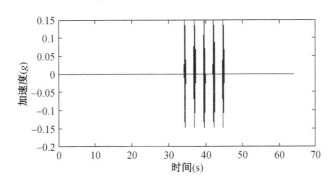

图 7.78　五拍正弦共振调幅(X 向 7 Hz、Y 向 14.9 Hz)

3) 试验工况

试验工况如表 7.19 所示：

表 7.19　试验工况

序号	输入地震波	输入方向	输入加速度峰值(g)	备注
C1	白噪声(0.1~40 Hz)	$X+Y+Z$	0.05	
C2	人工合成波 1	$X+0.85Y+0.65Z$		
C3	人工合成波 2	$0.85X+Y+0.65Z$		
C4	San Francisco 地震波	$X+0.85Y+0.65Z$	0.15	7 度设防烈度
C5	五拍正弦共振调幅 X	X		
C6	五拍正弦共振调幅 Y	Y		
C7	白噪声(0.1~40 Hz)	$X+Y+Z$	0.05	
C8	人工合成波 1	$X+0.85Y+0.65Z$		
C9	人工合成波 2	$0.85X+Y+0.65Z$		
C10	San Francisco 地震波	$X+0.85Y+0.65Z$	0.30	8 度设防烈度
C11	五拍正弦共振调幅 X	X		
C12	五拍正弦共振调幅 Y	Y		

续表 7.19

序号	输入地震波	输入方向	输入加速度峰值(g)	备注
C13	白噪声(0.1～40 Hz)	$X+Y+Z$	0.05	
C14	人工合成波 1	$X+0.85Y+0.65Z$		
C15	人工合成波 2	$0.85X+Y+0.65Z$	0.40	9 度设防烈度
C16	San Francisco 地震波	$X+0.85Y+0.65Z$		
C17	五拍正弦共振调幅 X	X		
C18	白噪声(0.1～40 Hz)	$X+Y+Z$	0.05	

4）测点布置

① 加速度、位移传感器布置

本次试验共使用 54 个 B&K4381V 型压电式加速度/位移传感器，传感器分别布置在振动台台面、内墙板中上部、梁顶部，测试了框架和墙板加速度反应、墙板和框架的相对位移。试验前在振动台上进行了一致性标定。加速度/位移测点位置见表 7.20、图 7.79 所示：

表 7.20 加速度/位移测点(54 点)

方向		加速度			位移		
		X 向	Y 向	Z 向	X 向	Y 向	Z 向
内墙板Ⅰ（方案一）	框架梁顶中部 L1	ACH9	ACH11	ACH12	DCH15	DCH17	DCH18
	内墙板中上部 H1	ACH7	ACH10		DCH13	DCH16	
内墙板Ⅱ（方案一基础上加固）	框架梁顶中部 L2	ACH45	ACH7	ACH48	DCH51	DCH53	DCH54
	框架梁顶左部 K2	ACH44	ACH32		DCH50	DCH38	
	内墙板中上部 H2	ACH43	ACH46		DCH49	DCH52	
内墙板Ⅲ（方案二基础上加固）	框架梁顶中部 L3	ACH33	ACH35	ACH36	DCH39	DCH41	DCH42
	内墙板中上部 H3	ACH31	ACH34		DCH37	DCH40	
内墙板Ⅳ（方案三基础上加固）	框架梁顶中部 L4	ACH21	ACH23	ACH24	DCH27	DCH29	DCH30
	框架梁顶左部 K4	ACH20	ACH8		DCH26	DCH14	

续表 7.20

方向		加速度			位移		
		X 向	Y 向	Z 向	X 向	Y 向	Z 向
内墙板Ⅳ（方案三基础上加固）	内墙板中上部 H4	ACH19	ACH22		DCH25	DCH28	
	振动台台面中点	ACH1	ACH2	ACH3	DCH4	DCH5	DCH6
合计		11	11	5	11	11	5

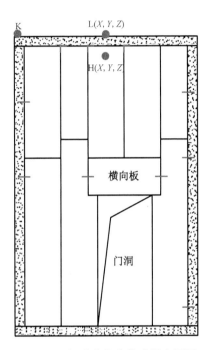

图 7.79　加速度位移传感器布置图

② 应变测点布置

在每榀内墙板布置 4 个应变片，共计 16 个。应变测点位置见表 7.21、图 7.80 所示：

表 7.21　应变测点

项目	测　　点		
内墙板Ⅰ（方案一）	内墙板左下角点 A	SCH13	Z 向垂直
	内墙板底边中点 B	SCH14	Z 向垂直
	门头板右上角 C	SCH15	Z 向垂直
	内墙板顶边中点 D	SCH16	Z 向垂直
内墙板Ⅱ（方案一基础上加固）	内墙板左下角点 A	SCH1	Z 向垂直
	内墙板底边中点 B	SCH2	Z 向垂直
	门头板右上角 C	SCH3	Z 向垂直
	内墙板顶边中点 D	SCH4	Z 向垂直

续表 7. 21

项目	测 点		
内墙板Ⅲ (方案二基础上加固)	内墙板左下角点 A	SCH5	Z 向垂直
	内墙板底边中点 B	SCH6	Z 向垂直
	门头板右上角 C	SCH7	Z 向垂直
	内墙板顶边中点 D	SCH8	Z 向垂直
内墙板Ⅳ (方案三基础上加固)	内墙板左下角点 A	SCH9	Z 向垂直
	内墙板底边中点 B	SCH10	Z 向垂直
	门头板右上角 C	SCH11	Z 向垂直
	内墙板顶边中点 D	SCH12	Z 向垂直

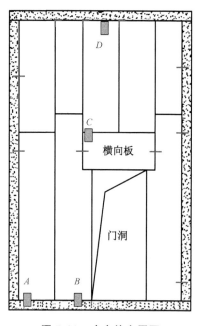

图 7.80 应变片布置图

(4) 实验结果分析

1) 动力特性

本试验对结构动力特性(模态参数)的识别建立在频响函数估计原理上。在结构基底输入的有限带宽白噪声激励信号,其功率谱为常数,因此可以仅根据结构的响应输出信号进行功率谱密度函数估计,获取结构模态参数。

为了测定墙板结构在地震作用后动力特性的变化,在地震作用后对模型输入加速度峰值为 $0.05g$、频带宽为 $0.1\sim40$ Hz 的白噪声。通过模态分析得到地震作用前后陶粒混凝土结构 X 向和 Y 向的自振频率如表 7.22 所示:

表 7. 22　自振频率 （Hz）

工况	7度设防烈度前	7度设防烈度后	频率下降（%）	8度设防烈度后	频率下降（%）	9度设防烈度后	频率下降（%）
频率(X向)	8.76	8.53	2.63	8.0	8.68	7.90	9.82
频率(Y向)	8.56	8.16	4.67	7.34	14.25	7.21	15.77

注:表中频率下降都是相对7度设防烈度前而言的。

在输入地震激励前,框架(内墙板提供的刚度由方案二和方案四内墙板提供)X向的自振频率均为8.76 Hz,大于框架(内墙板提供的刚度由方案一和方案三内墙板提供)Y向的自振频率均为8.56 Hz,说明方案二和方案四内墙板提供的刚度大于方案一和方案三内墙板提供的刚度。

7度设防烈度前后,框架X向和Y向的自振频率下降幅值不大,相比较Y向自振频率下降幅值大于X向频率下降幅值;8度设防烈度后地震波输入后,测试得到框架X向的自振频率下降8.68%,Y向自振频率下降14.25%,X向刚度(内墙板提供的刚度由方案二和方案四内墙板提供)的变化小于Y向刚度(内墙板提供的刚度由方案一和方案三内墙板提供)的变化;到9度设防烈度后,测试得到框架X向的自振频率下降9.82%,Y向自振频率下降15.77%,Y向自振频率下降较多,X向刚度(内墙板提供的刚度由方案二和方案四内墙板提供)的变化小于Y向刚度(内墙板提供的刚度由方案一和方案三内墙板提供)的变化。

2）结构地震反应

振动台试验中选取人工合成波、San Francisco波、五拍正弦共振调幅作为输入地震波分别测其作用下陶粒混凝土内墙板结构的加速度反应、位移反应和应变值。

根据加速度反应时程可得陶粒混凝土内墙板的加速度反应最大值,如表7.23～表7.26所示:

表 7. 23　不同工况下各个测点加速度最大值(g)

内墙板 I（方案一）		内墙板中上部 H1		框架梁顶右部 K		框架梁中部 L1		
		X	Y	X	Y	X	Y	Z
7度设防烈度（0.15g）	人工合成波1	0.50	0.37	0.51	0.40	0.51	0.39	0.15
	人工合成波2	0.49	0.41	0.51	0.45	0.51	0.44	0.14
	San Francisco 波	0.45	0.36	0.45	0.39	0.47	0.37	0.11
	五拍正弦调幅	0.75	0.56	0.76	0.61	0.78	0.59	—
	平均值	0.55	0.43	0.58	0.46	0.57	0.45	0.13
	加速度放大系数	3.65	3.33	3.72	3.63	3.78	3.51	1.37

续表 7.23

内墙板Ⅰ（方案一）		内墙板中上部 H1		框架梁顶右部 K		框架梁中部 L1		
		X	Y	X	Y	X	Y	Z
8度设防烈度 (0.3g)	人工合成波1	1.14	0.93	1.39	1.02	1.11	1.00	0.28
	人工合成波2	0.92	0.91	1.16	1.03	0.88	0.98	0.27
	San Francisco波	1.06	0.73	1.16	0.82	1.10	0.78	0.22
	五拍正弦调幅	1.33	1.39	1.42	1.55	1.35	1.48	—
	平均值	1.11	0.99	1.28	1.10	1.11	1.06	0.26
	加速度放大系数	3.71	2.97	4.28	3.30	3.70	3.16	1.32
9度设防烈度 (0.40g)	人工合成波1	1.45	1.47	1.63	1.63	1.49	1.57	0.40
	人工合成波2	1.15	1.08	1.40	1.20	1.16	1.14	0.33
	San Francisco波	1.51	1.35	1.97	1.54	1.53	1.44	0.32
	五拍正弦调幅	1.21	0.60	1.64	0.67	1.16	0.63	—
	平均值	1.33	1.12	1.66	1.26	1.36	1.19	0.35
	加速度放大系数	3.33	3.30	4.15	3.70	3.34	3.51	1.34

表 7.24 不同工况下各个测点加速度最大值(g)

内墙板Ⅱ（方案二）		内墙板中上部 H2		框架梁顶右部 K		框架梁中部 L2		
		X	Y	X	Y	X	Y	Z
7度设防烈度 (0.15g)	人工合成波1	0.51	0.41	0.51	0.40	0.54	0.37	0.11
	人工合成波2	0.52	0.45	0.51	0.45	0.55	0.42	0.12
	San Francisco波	0.47	0.40	0.45	0.39	0.48	0.41	0.09
	五拍正弦调幅	0.75	0.66	0.76	0.61	0.80	0.63	—
	平均值	0.56	0.48	0.56	0.46	0.59	0.46	0.11
	加速度放大系数	3.75	3.76	3.72	3.63	3.95	3.59	1.09
8度设防烈度 (0.3g)	人工合成波1	1.30	1.03	1.39	1.02	1.39	0.96	0.37
	人工合成波2	1.08	—	1.16	1.03	1.15	0.87	0.29
	San Francisco波	1.17	—	1.16	0.82	1.23	0.85	0.29
	五拍正弦调幅	1.40	—	1.42	1.55	1.49	1.31	—
	平均值	1.24	1.03	1.28	1.10	1.31	1.00	0.32
	加速度放大系数	4.13	4.04	4.28	3.30	4.38	2.99	1.62

续表 7.24

内墙板 II (方案二)		内墙板中上部 H2		框架梁顶右部 K		框架梁中部 L2		
		X	Y	X	Y	X	Y	Z
9 度设防烈度 (0.40g)	人工合成波 1	1.64	—	1.63	1.63	1.72	1.34	0.41
	人工合成波 2	1.43	—	1.40	1.20	1.49	1.11	0.30
	San Francisco 波	1.93	—	1.97	1.54	2.06	1.16	0.44
	五拍正弦调幅	1.63	—	1.64	—	1.70	—	—
	平均值	1.66	—	1.66	1.46	1.79	1.20	0.38
	加速度放大系数	4.14	—	4.15	4.28	4.36	3.54	1.47

表 7.25　不同工况下各个测点加速度最大值(g)

内墙板 III (方案三)		内墙板中上部 H3		框架梁顶右部 K		框架梁中部 L3		
		X	Y	X	Y	X	Y	Z
7 度设防烈度 (0.15g)	人工合成波 1	0.51	0.34	0.56	0.39	0.54	0.36	0.15
	人工合成波 2	0.50	0.39	0.56	0.47	0.54	0.43	0.14
	San Francisco 波	0.46	0.38	0.54	0.45	0.49	0.41	0.11
	五拍正弦调幅	0.76	0.56	0.82	0.65	0.82	0.60	—
	平均值	0.56	0.42	0.62	0.49	0.60	0.45	0.13
	加速度放大系数	3.72	3.27	4.13	3.84	3.98	3.53	1.37
8 度设防烈度 (0.3g)	人工合成波 1	1.13	1.10	1.24	1.20	1.20	1.14	0.34
	人工合成波 2	—	1.01	1.07	1.12	0.96	1.05	0.24
	San Francisco 波	—	0.99	1.20	1.18	1.17	1.09	0.35
	五拍正弦调幅	—	1.38	1.50	1.59	1.41	1.48	—
	平均值	1.13	1.12	1.25	1.27	1.19	1.19	0.31
	加速度放大系数	3.77	4.39	4.18	4.99	3.95	4.67	1.59
9 度设防烈度 (0.40g)	人工合成波 1	—	1.32	1.60	1.79	1.58	1.67	0.41
	人工合成波 2	—	1.17	1.88	1.35	1.32	1.25	0.31
	San Francisco 波	—	1.32	1.68	1.49	1.66	1.41	0.57
	五拍正弦调幅	—	0.54	1.49	0.61	1.23	0.58	0.31
	平均值	—	1.08	1.66	1.31	1.45	1.23	0.40
	加速度放大系数	—	3.74	4.16	4.54	3.62	4.25	1.65

表 7.26　不同工况下各个测点加速度最大值(g)

墙板Ⅳ（方案四）		内墙板中上部 H4		框架梁顶右部 K		框架梁中部 L4		
		X	Y	X	Y	X	Y	Z
7度设防烈度 (0.15g)	人工合成波1	0.52	0.38	0.56	0.39	0.54	0.37	0.10
	人工合成波2	0.52	0.43	0.56	0.47	0.55	0.41	0.11
	San Francisco 波	0.47	0.41	0.54	0.45	0.49	0.40	0.09
	五拍正弦调幅	0.73	0.64	0.82	0.65	0.79	0.62	—
	平均值	0.56	0.47	0.62	0.49	0.59	0.45	0.10
	加速度放大系数	3.73	3.65	4.13	3.84	3.95	3.53	1.03
8度设防烈度 (0.3g)	人工合成波1	1.11	0.97	1.24	1.20	1.17	0.94	0.27
	人工合成波2	0.97	0.84	1.07	1.12	1.05	0.84	0.23
	San Francisco 波	1.05	0.86	1.20	1.18	1.15	0.84	0.16
	五拍正弦调幅	1.33	1.37	1.50	1.59	1.43	1.31	—
	平均值	1.12	1.01	1.25	1.27	1.20	0.98	0.22
	加速度放大系数	3.72	3.96	4.18	4.99	4.00	3.85	1.13
9度设防烈度 (0.40g)	人工合成波1	1.41	1.38	1.60	1.79	1.51	1.31	0.43
	人工合成波2	1.10	1.22	1.88	1.35	1.21	1.15	0.32
	SanFrancisco 波	1.52	1.17	1.68	1.49	1.67	1.13	0.28
	五拍正弦调幅	1.30	—	1.49	—	1.42	—	—
	平均值	1.33	1.26	1.66	1.54	1.45	1.20	0.34
	加速度放大系数	3.33	3.70	4.16	4.54	3.63	3.52	1.32

3) 相对位移反应

板梁中点 L 点与内墙板中上部 H 点的相对位移见表 7.27 所示。在 9 度抗震设防时，框架层间在位移角为 1/474,框架结构基本处于弹性状态。

表 7.27　不同工况下 L 点与 H 点的相对位移最大值(mm)

	地震波	内墙板Ⅰ (L-H)		内墙板Ⅱ (L-H)		内墙板Ⅲ (L-H)		内墙板Ⅳ (L-H)	
		X	Y	X	Y	X	Y	X	Y
7度设防烈度 (0.15g)	人工合成波1	—	—	0.22	0.18	0.26	0.24	0.33	0.36
	人工合成波2	0.71	—	0.21	0.19	0.29	0.23	0.35	0.30
	San Francisco 波	0.57	—	0.32	0.27	0.32	0.50	0.34	0.83
	五拍正弦调幅	0.92	—	0.27	0.10	0.20	0.18	0.35	0.17
	平均值	0.73	—	0.26	0.19	0.27	0.28	0.34	0.42

续表7.27

地震波		内墙板Ⅰ (L-H)		内墙板Ⅱ (L-H)		内墙板Ⅲ (L-H)		内墙板Ⅳ (L-H)	
		X	Y	X	Y	X	Y	X	Y
8度设防烈度 (0.3g)	人工合成波1	1.67	—	0.55	0.35	0.77	0.81	—	—
	人工合成波2	1.39	—	0.44	0.31	0.64	0.62	0.78	0.70
	San Francisco波	1.50	—	0.79	0.71	0.63	1.13	0.89	1.56
	五拍正弦调幅	1.74	—	0.50	0.27	0.37	0.49	0.68	0.40
	平均值	1.58	—	0.57	0.41	0.60	0.76	0.78	0.88
9度设防烈度 (0.40g)	人工合成波1	2.15	—	0.78	0.49	—	—	1.59	1.01
	人工合成波2	1.62	—	0.66	0.44	0.73	0.77	0.89	0.82
	San Francisco波	1.60	—	2.04	2.62	1.15	1.21	1.21	1.66
	五拍正弦调幅	1.26	—	0.50	—	0.41	—	0.69	—
	平均值	1.66	—	1.00	1.18	0.76	0.99	1.10	1.16

由上表可见,随着输入地震波加速度的增加,板梁与内墙板的相对位移及其他测点的相对位移随之增加。

在7度设防烈度地震作用下,内墙板与抗震框架的相对位移值均较小(小于1 mm),可认为墙板与抗震框架无相对滑动。在8度设防烈度作用下,相对位移有所增大,内墙板Ⅰ达到1.58 mm,墙板与抗震框架之间有相对滑动。内墙板Ⅱ和内墙板Ⅲ和内墙板Ⅳ相对位移均小于1 mm,墙板与抗震框架之间无相对滑动。从相对位移结果来看,内墙板Ⅰ的抗震性能劣于内墙板Ⅱ、内墙板Ⅲ和内墙板Ⅳ。

4) 应变分析

模型应变反应为地震波作用下的应变变化情况,可以定性地判断结构应力变化情况。表7.28为各墙板立柱底部及内墙板底部角点应变峰值对比;在不同设防烈度地震作用输入时,各墙板底部角部(A处)应变最大,门头板上边与墙板连接处应变次之。

表7.28　结构测点地震作用下应变值($\mu\varepsilon$)

墙编号	位置	通道	7度设防烈度		8度设防烈度		9度设防烈度	
			max	min	max	min	max	min
内墙板Ⅰ	A处 B处	SCH1	31.5	−9.1	69.4	−40.9	92.8	−12.2
		SCH2	31.5	−8.6	69.2	−25.4	65.8	−74.2
	C处 D处	SCH3	10.2	−10.3	22.5	−22.5	48.0	−25.9
		SCH4	19.8	−6.1	43.5	−17.1	94.4	−46.5

续表 7.28

墙编号	位置	通道	7 度设防烈度		8 度设防烈度		9 度设防烈度	
			max	min	max	min	max	min
内墙板Ⅱ	A 处 B 处	SCH5	180.5	−140.1	—	—	—	—
		SCH6	6.5	−3.1	14.4	−8.5	31.1	−95.5
	C 处 D 处	SCH7	12.2	−12.0	26.9	−26.2	61.8	−29.6
		SCH8	8.1	−5.8	17.8	−10.0	20.3	−61.8
内墙板Ⅲ	A 处 B 处	SCH9	51.1	−84.3	112.3	−112.3	143.0	−13.7
		SCH10	5.1	−2.8	11.2	−6.0	15.9	−143.0
	C 处 D 处	SCH11	20.5	−22.5	45.2	−44.1	86.9	−10.6
		SCH12	5.2	−3.3	11.4	−8.4	15.0	−66.3
内墙板Ⅳ	A 处 B 处	SCH13	22.8	−6.9	50.2	−50.2	84.2	−10.7
		SCH14	6.2	−3.7	13.6	−4.3	3.4	−84.2
	C 处 D 处	SCH15	40.6	−40.1	89.4	−87.0	137.6	−2.9
		SCH16	3.3	−2.5	7.2	−6.8	12.2	−137.6

注:表中"—"表示该通道应变片在该设防烈度下断裂。

在 7 度设防烈度后各应变片正常工作,此时各片内墙板均未见裂缝。

在 8 度设防烈度地震作用下内墙板Ⅰ底部右侧、底部左侧出现轻微水平裂缝。在 9 度设防烈度地震作用下,内墙板Ⅰ左右侧边出现裂缝,底部裂缝进一步扩展;内墙板Ⅱ底部左侧、底部右侧和左右侧边出现裂缝;内墙板Ⅲ底部左侧和内墙板Ⅳ底部右侧先后出现裂缝,随后,内墙板Ⅲ左侧出现裂缝,随着地震波输入次数的增加,裂缝沿着框架柱与内墙连接处进一步开展,裂缝变宽,其中墙板Ⅱ,在 9 度设防烈度作用后,墙板Ⅱ右侧下部一块墙板的中上部出现水平裂缝(竖向裂缝开展为水平裂缝),说明内墙板本体发生破坏。

7.5 中南大学振动台试验案例

跨断裂带路基边坡模型抗震试验方案

跨断裂带路基边坡模型抗震试验,在试验中分别进行了单台和双台两种类型的试验来研究地震断裂带处路基边坡在地震作用下的动态反应。本部分以双台试验为例介绍一个跨断裂带路基边坡模型的振动台抗震试验方案。

(1) 模型设计与制作

1) 模型比尺设计

设计模型的长为 4 m,宽为 1.333 m,高为 1.133 m。路基边坡的坡度 1 : 1.5,边坡高度 0.25 m,坡顶宽 0.447 m,坡底宽 1.333 m。以模型长度、密度和弹性模量作为基本量,按照 Bockingham π 定理和量纲分析法,导出其余物理量的相似常数,具体常数如表 7.29 所示:

表 7.29　项目结构模型相似关系

物理性能	物理参数	相似关系	相似常数	备注
几何性能	长度 S_l	S_l	1/30	控制尺寸
材料性能	应变 S_ε	S_ε	1.0	控制材料:混凝土和钢筋的模型材料按照弹性模量和截面抵抗选择;土尽量选用原土样,如必须模型土,以控制压实度和含水率来实现
	等效弹性模量 S_E	S_E	0.033	
	等效应力 S_σ	S_σ	0.033	
	质量密度 S_ρ	S_ρ	1.0	
	泊松比 S_ν	S_ν	1.0	
土的控制指标	内摩擦角 φ	S_φ	1.0	
	黏聚力 c	$S_c = S_a \cdot S_\rho \cdot S_l$	0.033	
荷载性能	力 F	$S_F = S_a \cdot S_\rho \cdot S_l^3$	0.000 037	
动力性能	周期 T	$S_T = S_a^{-0.5} \cdot S_l^{0.5}$	0.182	
	频率 f	$S_f = S_a^{0.5} \cdot S_l^{-0.5}$	5.495	
	速度 v	$S_v = S_a^{0.5} \cdot S_l^{0.5}$	0.182	
	加速度 a	S_a	1.00	控制试验
	重力加速度 g	S_g	1.00	

将表中的各物理量比尺进行分析,时间比尺为 1/0.182≈5.5,即当对模型边坡进行分析时,需要将地表地震波进行压缩,使振动台输入的地震波中各分量频率放大 5.5 倍。

2) 模型制作

边坡模型的制作包括路堤制作、地基土和桩的制备共三部分。其中路堤部分包括三部分,分别为路堤改良土、垫层和土工格栅、混凝土脚墙和护坡的制作。模型制作过程中用的材料主要为模型土、模型砂和微粒混凝土。边坡模型制作如图 7.81 所示:

图 7.81　边坡模型制作

模型中地基部分制作时,因为地基为水平成层地基,本次试验根据原型土的性质来取土,考虑成层土的抗剪破坏等效,保证模型土的内摩擦角和黏聚力相似,因为试验中的地基土层基本在地下水位以下,因此在试验中选用的模型土和模型砂主要考虑内摩擦角相似来制备模型地基土。

模型中地基桩制作时,主要控制桩的抗弯刚度和强度的相似,根据等效原则来设计桩的尺寸、配筋和桩用混凝土的型号。考虑到根据等效原则相似设计后模型桩的尺寸较小、数量多,且分布密集,不利于试验模型的制作。在具体试验制作中根据抗弯刚度和强度等效的原则,将多根桩合并成一根桩。模型中路堤部分制作时,其中改良土制备与地基土制备过程类似,考虑改良土的内摩擦角,土工格栅制作考虑格栅的抗拉强度,混凝土脚墙和护坡制作时根据相似原则,控制混凝土的弹性模量和抗压强度的相似来选用微粒混凝土。

3) 测点布置

动台模型试验采用跨断裂带路基边坡模型为:路基模型长为 4 m,宽为 1.333 m,高为 1.133 m,路基边坡的坡度 1∶1.5,边坡高度 0.25 m,坡顶宽 0.447 m,坡底宽 1.333 m。边坡模型采用双面坡。边坡形状和尺寸如图 7.82 所示。为测定模型的地震动响应,需在模型上布置传感器来测量试验中的数据。

本试验采用的传感器为应变片、加速度计、顶针位移计、激光位移计、孔隙水压力计和动土压力计。双台模型布置了 65 个传感器,其中加速度计(A)有 10 个测点,每个测点有 3 个加速度计,动土压力盒子(T)有 12 个,应变片有 12 个,孔隙水压力计(KS)3 个,激光位移计 4 个,顶针位移计 4 个。传感器的位置如图 7.82 所示,图中单位尺寸为 mm。图 7.83 是边坡振动台试验模型。

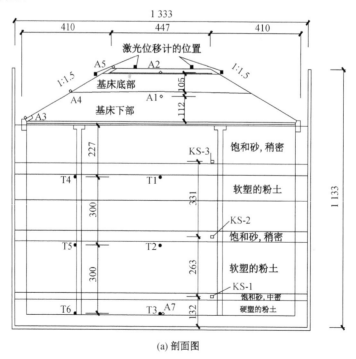

(a) 剖面图

图 7.82.1 边坡尺寸及传感器布置图(a)

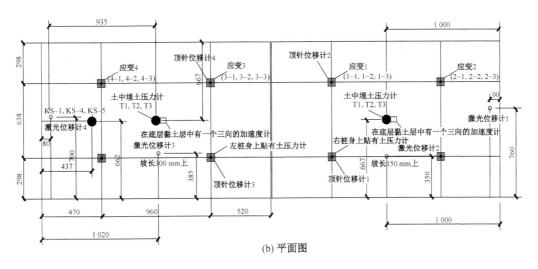

(b) 平面图

图 7.82.2　边坡尺寸及传感器布置图(b)

图 7.83　边坡振动台试验模型

(2) 激励荷载及工况设计

1) 激励荷载

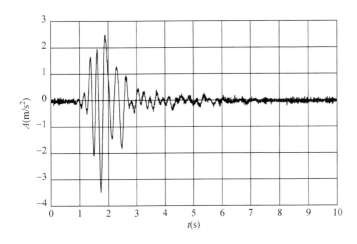

图 7.84　输入地震波(Kobe 波 0.45g)

本试验主要研究模型边坡在地震动作用下的动力响应分布规律。试验中对模型施加水平向和竖直向地震波作用。试验过程中输入的地震波主要有 Kobe 波、Landers 波和人工地震波,其中白噪声波为 30 s 持时, Kobe 波、Landers 波和人工地震波进行压缩,压缩比尺为 5.5 倍,不同波形如图 7.84～图 7.86 所示。

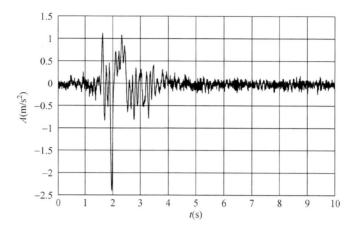

图 7.85　输入地震波(**Landers 波 0.45g**)

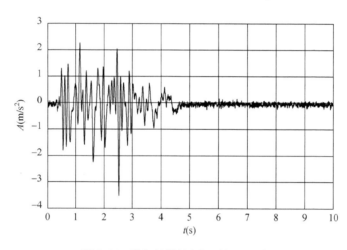

图 7.86　输入地震波(人工波 0.45g)

2) 工况设计

对路基边坡模型输入前述所示的地震波激励来测试路基模型的动力反应。试验输入的地震波分为三个量级：小震(0.15g)、中震(0.45g)和大震(0.62g)。每次输入不同种类的地震波时,要对模型进行白噪声扫频。具体试验工况如表 7.30 所示。跨断裂带路基振动台试验中选用的地震波主要模拟实际地震过程中路基的逆冲和走滑现象,其中水平 Y 向地震模拟走滑现象,竖直 Z 向地震模拟逆冲现象,具体示意图如图 7.87 所示。

表 7.30　振动台试验工况表(响应试验)

编号	试验名称	地震量级	振动方向	加速度幅值(g)	
				Y	Z
1	白噪声	小幅脉动	双向	0.05	0.05
2	Landers	对应小震	Y 向	0.15	
3	Landers	对应小震	Z 向		0.10

续表 7.30

编号	试验名称	地震量级	振动方向	加速度幅值（g）	
				Y	Z
4	Landers	对应小震	YZ 双向	0.15	0.10
5	白噪声	小幅脉动	双向	0.05	0.05
6	人造波	对应小震	Y 向	0.15	
7	人造波	对应小震	Z 向		0.10
8	人造波	对应小震	YZ 双向	0.15	0.10
9	白噪声	小幅脉动	双向	0.05	0.05
10	Kobe	对应小震	Y 向	0.15	
11	Kobe	对应小震	Z 向		0.10
12	Kobe	对应小震	YZ 双向	0.15	0.10
13	白噪声	小幅脉动	双向	0.05	0.05
14	Kobe	对应小震	YZ 双向	0.30	0.30
15	白噪声	小幅脉动	双向	0.05	0.05
16	Landers	对应中震	Y 向	0.45	
17	Landers	对应中震	Z 向		0.30
18	Landers	对应中震	YZ 双向	0.45	0.30
19	白噪声	小幅脉动	双向	0.05	0.05
20	人造波	对应中震	Y 向	0.45	
21	人造波	对应中震	Z 向		0.30
22	人造波	对应中震	YZ 双向	0.45	0.30
23	白噪声	小幅脉动	双向	0.05	0.05
24	Kobe	对应中震	Y 向	0.45	
25	Kobe	对应中震	Z 向		0.30
26	Kobe	对应中震	YZ 双向	0.45	0.30
27	白噪声	小幅脉动	双向	0.05	0.05
28	Landers	对应大震	Y 向	0.62	
29	Landers	对应大震	Z 向		0.413
30	Landers	对应大震	YZ 双向	0.62	0.413
31	白噪声	小幅脉动	双向	0.05	0.05
32	人造波	对应大震	Y 向	0.62	
33	人造波	对应大震	Z 向		0.413
34	人造波	对应大震	YZ 双向	0.62	0.413
35	白噪声	小幅脉动	双向	0.05	0.05
36	Kobe	对应大震	Y 向	0.62	
37	Kobe	对应大震	Z 向		0.413
38	Kobe	对应大震	YZ 双向	0.62	0.413

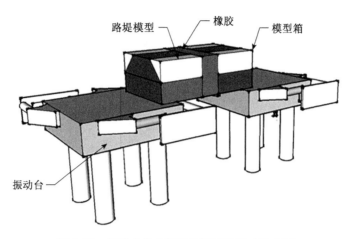

图 7.87　振动台分布图及路基试验振动示意图

(3) 边坡动力响应规律分析

在试验中地震波的幅值和方向的不同,对路基边坡产生的动力响应不同,本节主要对路基边坡表面和内部测点的加速度响应进行分析总结。为了便于分析,引入无量纲的加速度放大系数 PGA。跨断裂带路基模型在试验后路基边坡有明显的破坏,特别是路基中部有明显的塌陷现象。具体如图 7.88 和图 7.89 所示:

（a）试验前路基模型　　　　　　　　　　　（b）路基中间

图 7.88　试验前模型

（a）试验后路基模型　　　　　　　　　　　（b）路基中间

图 7.89　试验后模型

路基边坡的动力响应可以从走滑（Y 向地震波）和逆冲（Z 向地震波）两个方面去分析。其加速度响应规律在下面做了具体分析。

① 水平加速度响应分布规律

对水平 Y 向 Kobe 波在不同幅值下的加速度放大系数进行分析，具体结果如表 7.31 所示：

表 7.31　不同幅值输入下 PGA 放大系数

测点位置	幅　值		
	0.15g	0.45g	0.62g
地基底部	0.92	0.83	0.85
坡脚	1.15	1.03	1.17
边坡坡中	1.26	1.07	1.10
顶肩	1.28	1.10	1.02
路基中央	0.39	0.28	0.36
边坡顶	0.83	0.82	0.73

从表 7.31 和图 7.90 可知在三种不同幅值地震波作用下，坡面三点均能观察到加速度放大效应，中截面两测点均无放大效应。在三种不同幅值地震波作用下，无论是边坡还是中截面均呈现相对高度越大，加速度放大系数越大的规律。但除此之外还出现了以下现象，小震下的加速度放大系数比中震以及大震的要大，但中震下有几个测点放大系数比大震要小。造成上述现象的原因是地震波幅值的增加，土体的剪应变和阻尼比增大，土体的剪切模量减小，土体的非线性特征更加凸显，使得放大系数减小了，但可能由于路堤边坡填土不够密实，在大震激励下土体趋于密实，土体阻尼比小，故有几个测点放大系数大于中震。

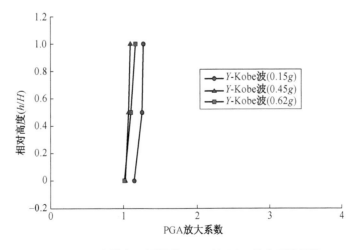

图 7.90　Y 向输入不同幅值 Kobe 波 PGA 放大系数规律

② 竖直加速度响应分布规律

对竖直 Z 向 Kobe 波在不同幅值下的加速度放大系数进行分析，具体结果如表 7.32 所示：

表 7.32 不同幅值输入下 PGA 放大系数

测点位置	幅　值		
	小震(0.10g)	中震(0.30g)	大震(0.413g)
地基底部	0.51	0.36	0.30
坡脚	1.37	1.26	1.18
边坡坡中	1.31	1.29	1.18
顶肩	0.71	0.70	0.72
边坡顶	2.34	1.59	1.71

从表 7.32 和图 7.91 可知边坡坡面上，坡脚与边坡坡中加速度均被放大，两者较为相近，均大于顶肩，顶肩无放大现象；边坡中截面上，边坡顶处的加速度响应最大。造成上述现象的原因是地震波幅值的增加，土体的剪应变和阻尼比增大，土体的剪切模量减小，土体的非线性特征更加凸显，使得放大系数减小了。

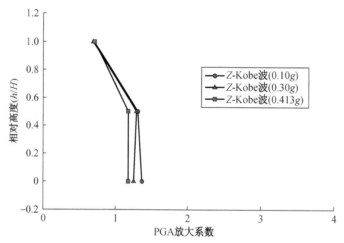

图 7.91 Z 向输入不同幅值 Kobe 波 PGA 放大系数规律

参 考 文 献

［1］王春行.液压伺服控制系统［M］.北京:机械工业出版社,1982.

［2］姚振纲,刘祖华.建筑结构试验［M］.上海:同济大学出版社,1996.

［3］邱法维.结构抗震实验方法［M］.北京:科学出版社,2000.

［4］程绍革,张自平,贺军,等.大型高性能振动台模拟地震实验室［J］.工程抗震与加固改造,2006,28(5):39-42.

［5］胡宝生.我国自行研制的第一个大型三向地震模拟振动台［J］.世界地震工程,1995,19(4):44-46.

［6］潘景龙.单向模拟地震振动台设计中的若干问题讨论［J］.哈尔滨建筑大学学报,1990(2):90-99.

［7］黄浩华.地震模拟振动台的设计与应用技术［M］.北京:地震出版社,2008.

［8］黄宝锋,卢文胜,宗周红.地震模拟振动台阵系统模型试验方法探讨［J］.土木工程学报,2008,41(3):46-52.

［9］张敏政.地震模拟实验中相似律应用的若干问题［J］.地震工程与工程振动,1997,17(2):52-58.

［10］NIED. Reports on the general system design of the three dimensional full scale earthquake testing facility［J］. Prepared by Mitsubishi Heavy Industries, Ltd. ,1999,1(20):1102-1122.

［11］王进廷,金峰,张楚汉.结构抗震试验方法的发展［J］.地震工程与工程振动,2005,25(4):37-43.

［12］韩俊伟,于丽明.地震模拟振动台三状态控制的研究［J］.哈尔滨工业大学学报,1999,31(3):22-28.

［13］唐贞云,李振宝,纪金豹,等.地震模拟振动台控制系统的发展［J］.地震工程与工程振动,2009,29(6):162-169.

［14］裴喜平.地震模拟振动台的模糊控制研究［D］.武汉:武汉理工大学,2004.

［15］黄福云,方子明,吴庆雄,等.地震模拟振动台三台阵反力基础动力特性试验研究［J］.福州大学学报,2016,44(4):144-153.

［16］邱法维,田石柱,吴明伟.地震模拟振动台台面及系统技术指标测试分析［J］.哈尔滨建筑大学学报,1990(4):66-71.

［17］王春林,吕志涛,吴京.半柔性悬挂结构体系的减振机理及其减振效果分析［J］.土木工程学报,2008,41(1):48-54.

［18］纪金豹,李晓亮,闫维明,等.九子台模拟地震振动台台阵系统及应用［J］.结构工程师,2011,27(S1):31-36.

［19］杜修力,陈厚群.地震动随机模拟及其参数确定方法［J］.地震工程与工程振动,1994(4):1-5.

［20］D Shen,X Lu. Research advances on simulating earthquake shaking tables and model test［J］. Structural Engineers,2006,22(6):55-58.

［21］肖岩,胡庆,郭玉荣,等.结构拟动力远程协同试验网络平台的开发研究［J］.建筑结构学报,2005,26(3):122-129.

［22］李忠献,吕杨,徐龙河,等.钢-混凝土混合结构振动台试验的弹塑性损伤分析［J］.建筑结构学报,2012,33(10):15-21.

［23］孙泽阳,吴刚,吴智深,等.钢-连续纤维复合筋增强混凝土柱抗震性能试验研究［J］.土木工程学报,2011,44(11):24-33.

［24］马千里,陆新征,叶列平.层屈服后刚度对地震响应离散性影响的研究［J］.工程力学,2008,25(7):

133-140.

[25] 赵作周,管桦,钱稼茹. 欠人工质量缩尺振动台试验结构模型设计方法[J]. 建筑结构学报,2010,31(7):78-85.

[26] 樊健生,周慧,聂建国,等. 双向荷载作用下方钢管混凝土柱-组合梁空间节点抗震性能试验研究[J]. 建筑结构学报,2012,33(6):50-58.

[27] 龚治国,吕西林,卢文胜,等. 混合结构体系高层建筑模拟地震振动台试验研究[J]. 地震工程与工程振动,2004,24(4):99-105.

[28] 沈德建,吕西林. 地震模拟振动台及模型试验研究进展[J]. 结构工程师,2006,22(6):55-58.

[29] 王刚,欧进萍. 结构振动的模糊建模与模糊控制规则提取[J]. 地震工程与工程振动,2001,21(2):130-135.

[30] 杨现东. 振动台子结构试验的数值仿真分析[D]. 哈尔滨:哈尔滨工业大学,2007.

[31] 曹万林,张思,周中一,等. 基础滑移隔震土坯组合砌体结构振动台试验[J]. 自然灾害学报,2015(6):131-138.

[32] 王正斌. 地震模拟振动台的研制[D]. 哈尔滨:哈尔滨工业大学,2007.

[33] 王燕华,程文瀼,陆飞,等. 地震模拟振动台的发展[J]. 工程抗震与加固改造,2007,29(5):53-56.

[34] 鲁亮,吕西林. 振动台模型试验中一种消除重力失真效应的动力相似关系研究[J]. 结构工程师,2001(4):45-48.

[35] 周颖,张翠强,吕西林. 振动台试验中地震动选择及输入顺序研究[J]. 地震工程与工程振动,2012,32(6):32-37.

[36] 蔡新江,田石柱. 振动台试验方法的研究进展[J]. 结构工程师,2011,27(S1):42-46.

[37] 叶献国,徐勤,李康宁,等. 地震中受损钢筋混凝土建筑弹塑性时程分析与振动台试验研究[J]. 土木工程学报,2003,36(12):20-25.

[38] 王祥建,崔杰. 结构物理参数时域识别的振动台试验研究[J]. 地震研究,2016,39(1):114-119.

[39] 刘必灯,郭迅,周洋,等. 大型地震模拟振动台运行对周围场地影响的试验研究[J]. 振动与冲击,2016,35(13):212-218.

[40] 沈聚敏,周锡元,高小旺,等. 抗震工程学[M]. 北京:中国建筑工业出版社,2000.

[41] 绪方胜彦. 现代控制工程[M]. 4版. 北京:清华大学出版社,2006.

[42] 周颖,吕西林. 建筑结构振动台模型试验方法与技术[M]. 北京:科学出版社,2012.

[43] 张自平,程绍革,贺军. 三向六自由度大型模拟地震振动台基础动力分析计算[J]. 建筑科学,2004,20(2):36-40.

[44] 徐艳,胡世德. 钢管混凝土拱桥的动力稳定极限承载力研究[J]. 土木工程学报,2006,39(9):68-73.

[45] 楼梦麟,王文剑,朱彤,等. 桩基础上结构TMD控制的振动台模型试验研究[J]. 同济大学学报(自然科学版),2001,29(6):636-643.

[46] 孟海,陈隽,李杰,等. 地下管线-土非一致激励振动台试验研究[J]. 地下空间与工程学报,2008,4(5):852-859.

[47] 袁杨. 空斗墙砌体结构房屋振动台试验研究[D]. 南京:东南大学,2010.

[48] 黄学漾,宗周红,黎雅乐,等. 独塔斜拉桥模型地震模拟振动台台阵试验[J]. 东南大学学报(自然科学版),2014,44(6):1211-1217.

[49] 黎雅乐,宗周红,黄学漾,等. 强震下钢筋混凝土连续梁桥非线性动力响应分析[J]. 东南大学学报(自然科学版),2016,46(6):1271-1277.

[50] 孙泽阳,吴刚,王燕华,等. 地震作用下钢-FRP复合配筋混凝土柱试验研究(英文)[J]. Journal of Southeast University(English Edition),2016,32(4):439-444.

[51] 田永波. 电液伺服地震模拟振动台的数字控制[D]. 武汉:武汉理工大学,2004.

[52] 杨志勇. 高位转换框支剪力墙高层建筑抗震性能研究[D]. 武汉:武汉理工大学,2004.

[53] 瞿伟廉,查小鹏. 基于最小控制综合算法的结构振动控制研究[J]. 武汉理工大学学报,2007,29(1):

145-148.

[54] 宰金珉,庄海洋. 对土-结构动力相互作用研究若干问题的思考[J]. 徐州工程学院学报(社会科学版),2005,20(1):1-6.

[55] 刘伟庆,魏琏. 摩擦耗能支撑钢筋混凝土框架结构的振动台试验研究[J]. 建筑结构学报,1997,18(3):29-37.

[56] 李昌平,刘伟庆,王曙光,等. 软土地基上高层隔震结构模型振动台试验研究[J]. 建筑结构学报,2013,34(7):72-78.

[57] 杨旭东. 振动台模型试验若干问题的研究[D]. 北京:中国建筑科学研究院,2005.

[58] 葛学礼,朱立新,于交,等. 温州大仑砖空斗墙房屋模型振动台试验研究[J]. 工程抗震与加固改造,2010,32(6):104-116.

[59] 保海娥,张自平,程绍革. 振动台型混合试验系统试验设备研究[J]. 工程抗震与加固改造,2006,28(6):61-65.

[60] 陈国兴,庄海洋,程绍革,等. 土-地铁隧道动力相互作用的大型振动台试验:试验方案设计[J]. 地震工程与工程振动,2006,26(6):178-183.

[61] 田春雨,王翠坤,肖从真,等. 广州珠江新城西塔振动台试验研究[J]. 建筑结构学报,2009(S1):99-103.

[62] 孔祥雄,史铁花,程绍革,等. 武汉中心振动台试验与数值模拟比较研究[J]. 建筑结构,2013(14):44-47.

[63] 吴明,叶献国,蒋庆,等. 巨型框架振动台试验设计[J]. 工业建筑,2013,43(6):47-51.

[64] 郑山锁. 动力试验模型在任意配重条件下与原型结构的相似关系[J]. 工业建筑,2000,30(3):35-39.

[65] 王鑫. 钢筋混凝土模型框架振动台试验分析和抗震性能评估[D]. 西安:西安建筑科技大学,2006.

[66] 郭月哲,童申家. 钢管混凝土拱桥试验模型相似理论研究[J]. 工程抗震与加固改造,2011,33(3):33-37.

[67] 钱国芳,张爱社,周丽萍,等. 底部加钢筋混凝土剪力墙框架结构模型的振动台试验[J]. 工业建筑,1998,28(1):24-30.

[68] 黄智光,苏明周,何保康,等. 冷弯薄壁型钢三层房屋振动台试验研究[J]. 土木工程学报,2011(2):72-81.

[69] 苏明周,王振山,王乾,等. 单层单跨变截面轻型门式刚架结构振动台试验研究[J]. 土木工程学报,2012(10):98-108.

[70] 郭健,刘伟庆,臧亚明. 钢筋混凝土异形柱框架-短肢剪力墙结构振动台试验研究[J]. 防灾减灾工程学报,2008,28(3):280-286.

[71] 周惠蒙. 基于迭代学习控制的电液伺服振动台控制系统的研究[D]. 长沙:湖南大学,2007.

[72] 刘一江,周惠蒙,彭楚武,等. 基于迭代控制的电液振动台控制系统[J]. 控制工程,2009,16(5):543-546.

[73] 黄民元,郭玉荣. NetSLabOSR 远程协同拟动力试验平台的开发研究[J]. 湖南大学学报(自然科学版),2017,44(1):87-94.

[74] 余志武,刘汉云,国巍,等. 高速铁路客站站厅结构竖向地震激励的振动台试验研究[J]. 防灾减灾工程学报,2014,34(4):443-450.

[75] 刘汉云,余志武,国巍,等. 双向地震下高铁客站抗震性能的振动台试验研究[J]. 土木工程学报,2016(S2):69-74.

[76] 侯森,陶连金,赵旭,等. 不同加载方向的山岭隧道洞口段地震响应振动台模型试验[J]. 中南大学学报(自然科学版),2016,47(3):994-1001.

[77] 刘展. 电液伺服系统的数字控制技术研究[D]. 北京:北京交通大学,2006.

[78] 贾丽花. 电液伺服地震模拟振动台控制算法的研究与实现[D]. 北京:北京交通大学,2007.

[79] 迟世春,林少书. 结构动力模型试验相似理论及其验证[J]. 世界地震工程,2004,20(4):11-20.

[80] 艾庆华,李宏男,王东升,等. 基于位移设计的钢筋混凝土桥墩抗震性能试验研究（Ⅱ）：振动台试验[J]. 地震工程与工程振动,2008,28(3)：39-46.

[81] 马恒春,陈健云,朱彤,等. 非对称剪力墙-筒体超高层结构的振动台试验研究[J]. 结构工程师,2004,20(2)：69-74.

[82] 何文福,刘文光,张颖,等. 高层隔震结构地震反应振动台试验分析[J]. 振动与冲击,2008(8)：97-101.

[83] 韦建刚,陈宝春,吴庆雄. 钢腹杆-混凝土新型组合拱桥地震响应特性[J]. 沈阳建筑大学学报(自然科学版),2010,26(3)：416-422.

[84] 葛继平,王志强,魏红一. 干接缝节段拼装桥墩抗震分析的纤维模型模拟方法[J]. 振动与冲击,2010,29(3)：52-57.

[85] 王存堂,张弼,史维祥. 柔性结构模糊主动振动控制实验研究[J]. 应用力学学报,2001,18(2)：113-117.

[86] 猴新科,管佩刚. 基于自适应滤波前馈控制的结构振动抑制研究[J]. 电气自动化,2012,34(3)：5-6.

[87] 褚衍清. 单轴地震振动台电液数字伺服系统研究[D]. 杭州：浙江工业大学,2009.

[88] 赵灿晖,周志祥. 大跨度钢管混凝土拱桥非线性地震反应分析[J]. 重庆建筑大学学报,2006,28(2)：47-51.

[89] 樊珂,闫维明,李振宝,等. 行波激励下千岛湖大桥的随机地震响应特征[J]. 辽宁工业大学学报,2008,28(4)：232-235.

[90] 刘文光,闫维明,霍达,等. 塔型隔震结构多质点体系计算模型及振动台试验研究[J]. 土木工程学报,2003,36(5)：64-70.

[91] 徐忠根,陈鸿华,周福霖. 高耸钢塔架的理论与振动台试验研究[C]// 中国建筑学会抗震防灾分会高层建筑抗震专业委员会高层建筑抗震技术交流会,2003.

[92] 徐忠根,刘臣,陈笑翎,等. 深圳中航广场模型模拟地震振动台试验研究[J]. 四川建筑科学研究,2007(S1)：53-56.

[93] 闫聚考,李建中,彭天波,等. 三塔两跨悬索桥行波效应振动台试验及数值研究[J]. 振动与冲击,2016,35(7)：44-48.

[94] 苏何先,潘文,白羽,等. 隔震异形柱框架结构振动台试验研究[J]. 建筑结构学报,2016,37(12)：65-73.

[95] 马健,潘文,杨晓东,等. 澄江化石博物馆振动台试验及能量分析[J]. 建筑结构,2017(8)：47-53.

[96] 张志,孟少平,于琦,等. 边柱加强型预应力混凝土框架结构振动台试验研究[J]. 振动与冲击,2012,31(16)：111-116.

[97] 许巍. 错层板柱结构体系的受力特点及抗震性能试验研究[D]. 南京：东南大学,2015.

[98] 张淑娴. 粗料石砌体房屋振动台试验研究[D]. 南京：东南大学,2015.

[99] 王春林,吕志涛. 半柔性悬挂减振结构振动台试验研究[J]. 土木工程学报,2012,45(10)：109-117.

[100] 黄兴淮. 大跨网格结构倒塌模式与多维隔减震控制研究[D]. 南京：东南大学,2015.

[101] 刘巍. 再生混凝土砌块砌体房屋振动台试验研究[D]. 南京：东南大学,2014.

[102] 郭彤,宋良龙. 腹板摩擦式自定心预应力混凝土框架基于性能的抗震设计方法[J]. 建筑结构学报. 2014,35(2)：22-28.